自衛隊最強の部隊へ

—CQB・ガンハンドリング編

CLOSE QUARTERS BATTLE GUN HANDLING

Futami Ryu
二見 龍

誠文堂新光社

刊行に寄せて

ここに書かれていることは、「強くなりたい」と、ひたすら願った者たちの記録だ――

防衛大学校を卒業し、新聞社に入ってからは自衛隊をテーマのひとつとして記者を続けてきた私は、著者のこの文章を一読して、まずそう直感しました。

憲法の制約からあいまいな存在のまま、創設から60年以上を過ごしてきた自衛隊という組織。本書は現場に立つ若い隊員たちが、「このままでいいのか」「そこにある危機に対処できるのか」と強く思い始めた時に、米国籍を持つガン・インストラクターのナガタ・イチロー氏に奇跡的に出会い、その技術・スピリットを学んでいく記録です。福岡県北九州市小倉南区に駐屯する陸自40連隊から始まったそのムーブメントは、あっという間に全国の陸自部隊に広がっていきました。

領海・領空の警戒監視という実任務を創設以来続けてきた海上自衛隊・航空自衛隊とは異なり、陸上自衛隊は任務にリアリティを持つことが遅れていました。しかし、冷戦終結後に頻発する民族・宗教紛争、そしてそれらを背景とした世界各地で起きる嵐のようなテロリズムの現実を見聞きして、現場の隊員たちは危機感を感じ始めたのです。自分たちが受け継いできた戦術・思想・装備のままで対応できるのか、と。いや、変わらなくては負けてしまう、それでは国民の負託に応えられない、と。

著者が「はじめに」で書いておられるように、初の「戦地派遣」となったイラク復興支援活動開始（2004年）の直前ごろから、陸上自衛隊は大きく変わりました。思うに、それは、陸上幕僚監部という組織の中枢の号令一下の改革ではなく、現場の部隊の危機感から起きたものと言っていい。その中心にあったのが、小倉の40連隊でした。

本書はその記録です。そして、私はその目撃者であります。

あれは確か、2003年の秋ごろだったと記憶しています。著者から突然、電話がありました。私が防衛大学校の2学年だった時、同室の1年先輩が著者でした。

そしてこう言うのです。

「オレが連隊長をやっている小倉で、面白い訓練をやっているんだよ。新聞に絶対書かないなら、見せてやるよ」と。

記者というものは、見たものを「書かない」というのが一番苦しい。それならばむしろ、見ない方がいいのです。ですが、同室で過ごし、その前向きで誠実な人柄はわかっている著者が「面白い」と言うものを、みすみす見ない手はありません。私は休暇を取って、自腹で小倉に向かいました。そして、そこで見た訓練に目を瞠りました。

それは、それまで何度か防衛庁担当をしていて、いろいろな訓練を見てきたつもりでいた私も見たことのない、近接戦闘（ＣＱＢ）を中心とした訓練でした。しかも、駐屯地内に、当時は珍しかった市街地を模した訓練施設が自前で作られ、夜間戦闘訓練をする施設も改築されていました。さらに驚くべきは、そこで訓練していたのは40連隊の隊員だけではなく、全国の陸自部隊から、それだけでなく海・空自衛隊、海上保安庁、そしてなんと警察関連の人たちも参加していたのでした。戦闘服の色がまったく違う隊員らが、イチローさんの号令一下、汗を流す場面は、壮観の一言でした。

見学しながら私がもっとも驚いたのは、訓練に参加する若い隊員の真剣な眼差しでした。彼らは何万円もする電動モデルガンを自腹で購入し、課業時間外もそのモデルガンを手にしてトレーニングをしていました。基本的なスキルを身に付けるために、何度も繰り返し銃を構え続けていました。元病院だった空きビルでの模擬戦闘訓練では、重装備にゴーグルを付けて戦闘服の背を汗でじっとり濡らしながら、何度も何度も繰り返し、「想定」を変えて、訓練を実施していました。目をきらきら輝かせながら。

自分の本『自衛隊のリアル』（河出書房新社）でも書きましたが、それは私の中の「訓練観」を一変させる出来事でした。私の経験は、防衛大のわずか4年間という短いものですが、訓練とは、実際、何のためにやっているかわからなくて「苦しい」ものではなかったか。苦しいけれど、その時間を仲間と「共有」することで連帯感を獲得するためのものではなかったか。ところが、この40連隊の訓練はまったく別物でした。彼らには、目的が明確にあった。敵がいる可能性のある部屋に突入するための方法とか、階段の上に敵がいる時の掃討方法とか、そういうたって具体的な目的・目標がまずあって、それを身に付けるために、彼らは射撃法を変え、呼吸の仕方を変え、足の運び方を考えていたのでした。まさに、リアルの極地だったのです。

私は頭の芯が痺れるような感覚を覚えました。その時は、その「痺れ」が何だったのかわからなかったのですが、そのあと考え続けある時閃いたのが、「自衛隊の本質」ということです。自衛隊は違憲の存在と言われ続け、長い間、存在は許されても「戦うこと」は禁止されていた。とくに、国民の目の届くところで活動する陸自はそうです。戦ってはならなかった。だから、バーチャルな世界の中でずっと存在してきた。ところが、日本を取り巻く厳しい世界情勢がそうも言っていられなくした。存在するだけでいいはずはない、本当に戦えるのか、リアルなテロの危機にさらされたとき、役に立てるのか、と。そこに現場が気づき、声を上げ始めたのでした。

イチローさんが小倉の部隊で始めた、射撃法を中心とした陸自の戦い方の変革は、この長くバーチャルな世界にあった巨大組織が、リアリティを獲得する契機になったことは間違いありません。ただ、イチローさんは、あくまで「非公式な部外講師」という存在ですから、陸上自衛隊の正式な歴史には記録されないと思います。一方、私は、その数年後、比較的迷惑のかからない匿名で、限られた範囲の情報として、イチローさんと著者の二見さんによる「変革」について新聞に書き、さらに数年後、関係各所に了解を取りつけ、実名で前出の本『自衛隊のリアル』に書かせて頂きました。

陸自は2003年ごろから、「強くなりたい」と思う者たちによって、現場から大きく変わっていった。その源のひとつは、間違いなく40連隊、小倉の駐屯地であった。このことは、陸自の正史にはならなくても、きちんと記録されるべきことだと信じています。私も数少ない「部外の目撃者」として、その責務の一端を果たさせてて頂きたく、今回、ここで書かせて頂きました。

（２０１７年６月記）

毎日新聞社会部編集委員　瀧野隆浩（防衛大卒・26期）

はじめに

これは、かれこれ15年ほど前、「何をすれば強くなれるのか」「強い部隊になりたい」を追求した陸上自衛隊、第一線部隊の記録です。

隊員たちはひたすら訓練に明け暮れ、その結果、目標に置いた実戦で戦えるレベルまで到達することができたと思います。その一番の功労者は、もちろん訓練に取り組んだ隊員たちです。しかし、その陰には高い戦闘技術を有する「部外インストラクター」の存在がありました。それは2019年1月に刊行した『自衛隊最強の部隊へ―偵察・潜入・サバイバル編』で登場したS氏率いるスカウト・インストラクターチーム、そして、本書に登場するガン・インストラクターたちです。彼らの存在なしには目標達成はかなわなかったと、私は信じています。

それは米カリフォルニア州在住（鹿児島県出身）のガン・インストラクター、ナガタ・イチロー氏です。

2003年8月、私は福岡県小倉の陸上自衛隊第40普通科連隊の連隊長を拝命しました。そして、そこでイチローさんに出会いました。イチローさんは、ガン雑誌で素晴らしい作品を発表するフォトグラファーとしても有名ですが、何より、アメリカではガン・インストラクターとしてFBI（連邦捜査局）などとトレーニングを続けている、卓越した技術と最新の情報を持っている人物でした。

出会って、その立ち振る舞いを見た瞬間、私はイチローさんとタッグを組むことができたら、真に強い部隊ができると感じました。これは、運命とも言える出会いでした。

快諾を頂き、小倉の部隊は長期にわたって、イチローさんの厳しい、そして内容の濃いトレーニングを受けることになります。それは、陸上自衛隊という組織がそれまで実施したことのない、実戦に直結したものでした。そのため、乾いた大地に慈雨が沁み込むような充実した日々になったのです。

今考えると偶然なのですが、その時期というのは、マスコミが「自衛隊初の『戦地』派遣」と書き立てたイラク派遣の直前にあたります。あのころ、イチローさんのトレーニングを受けた小倉の部隊は、とくに近接戦闘（CQB）に関しては「突出」していました。

全国の部隊が「小倉は強いぞ」「負けたくない」と新しいスキルを取り入れ、より実戦的な訓練に励んだことが、陸上自衛隊の歴史上、最大の試練であったイラク派遣を無事やり通せたひとつの要因になったかもしれません。少なくとも、陸上自衛隊という巨大な組織が変容するために、進化という小石を投げ入れ、波紋を広げていく役割を果たせたのだと思っています。

あれからもう、干支がひと回りするほどの時間が経ちましたが、あの時のことを記録しておきたいと思い立ち、今こうしてパソコンの前にいます。組織の中で波紋が徐々に広がっていく、その、最初に投げ入れた「小石」のことを、あの時の部隊の様子を。すべてに真剣で、熱いイチローさんが何を語り、若い隊員たちがどう反応していったのかを。

専門用語がたくさん出てきて、ミリタリーに興味のない方には、理解が難しいかもしれません。一方、詳しい専門家から見れば、深みの足りない箇所も多々あるでしょう。それは、軍事上の守秘義務があって、すべてを詳らかにできないこともあるのでお許しください。

隊員たちの成長の記録と言ってもいい、この文章は、もしかしたら、若い人たちを育成していくためのヒントになるかもしれません。読み方は自由です。肩肘張らず、気楽に読んで頂き、志を持ったインストラクターと若い隊員たちの交流の記を堪能して頂ければ、著者としては望外の幸せになります。

（2017年6月記）

二見　龍

目次

第3章 実戦で必要な知識・行動

第4章 ガンビー（Gumby）訓練に隊員痺れる 131

第5章

実戦的な訓練の追求とサバゲーチームとの真剣勝負 153

第6章　人生・訓練に対する考え方　181

第1章

ナガタ・イチロー氏との出会い

日本生まれ、アメリカ国籍のインストラクター

ナガタ・イチロー氏との出会いの場面を、私は忘れることができません。それは微妙な「距離感」を持った出会いでありました。

2003年初冬、私は福岡県北九州市にある陸上自衛隊第4師団第40普通科連隊（小倉駐屯地）で連隊長として勤務していました。当時の私は、「どのようにして強い部隊を育成していくか」ばかりを考えて日々を過ごしていたように思います。

その日も、連隊長室であれこれ考えていると、3科長がノックをして入室してきました。3科長というのは連隊の作戦、訓練、教育を担任し、連隊長の右腕となる幕僚です。彼は私にこう告げました。

「連隊長、戦闘インストラクターが来て訓練を教えていますから、是非、連隊長にも見て頂きたいです」

ふだんは訓練方針について、私が構想し、概要を3科長に示します。あとは、私の意を汲んで彼が計画を作って実施していきます。私は彼に全幅の信頼を置いていたので、節目ごとにチェックするだけでよかったのです。その彼が見せたい、と言うのであれば、私は万難を

排して見に行きます。

ただ、その日は少し様子が違いました。普通、訓練というのは野外で行いますが、その日、3科長は私をふだんあまり使用しない建物の方へ連れて行きました。そこは「映写講堂」と呼ばれ、以前駐留していた米軍が映画を楽しむために使われていた古い建物です。中学校の武道場くらいの広さがあります。

中に入ると、異様な感じがしました。室内の窓という窓にはすべて陸上自衛隊のグリーンの毛布がかけられ、天井に付けられた電球にも保護用に厚めのビニールでカバーがかけられており、暗く密閉された部屋になっていたのです。

「ほう、異様な部屋を作ったな」

口に出さずにそう思いながら中に進みます。すると、薄ぼんやりした部屋の中に、特殊部隊のベストを着た見知らぬ男の背中が見えました。

決して大柄ではなく、筋骨隆々というわけでもなく、もちろん鍛えられた肉体の質感はあるものの、どこかしなやかさを持っているようにも見えました。私が入って行っても、こちらを振り向くこともなく、ただ、熱心に隊員たちに向かって話を続けていました。小銃ではなく、拳銃の訓練のようでした。

室内では、拳銃を使う機会の方が多いのかもしれません。通常、陸上自衛隊では、隊員は主に小銃の訓練をします。伝統的にそうでした。ただ、私が当時最優先で考えていたのは、海を渡って来る敵に塹壕を掘って待ち構えて対処するよりも、市街地でどうやって迎え撃つかというテーマでした。実を言えば、当時は陸上自衛隊には「市街地戦闘」に関する、もっと言えば、近接戦闘（ＣＱＢ）に関する教範は存在しませんでした。しかし、九州北部に所在する私たちの部隊が面と向き合うのは、たぶん北朝鮮の特殊部隊の蓋然性が高い。であるならば、小銃のほかに、拳銃射撃も必要かもしれないと思い始めていたところでした。この特殊部隊風の男は一体どのような訓練を行うのか、興味が湧きました。

それは不思議な「訓練」でした。３科長が「インストラクター」と言うのですから、それ相当のスキルを持った人物のはずです。ところが、彼は穏やかな「ですます」調の言葉で隊員たちに語りかけていました。少し回り込むと、白い口ひげが見えました。目は鋭くもあり、しかし、優しげでもある。彼は拳銃を構えさせた一人の隊員の前に立っています。

「拳銃を使用する時は、つかまれる間合いまで敵を近づけてはいけません。拳銃を奪われるからです…ほら、このようになります」

流れるような動き、とはこのようなものを言うのでしょう。彼は隊員の突き出したＰ

（上）拳銃を使用した人質をとっている相手への対応。
（下）受け身がとれない必殺の面取り。

226拳銃に触れた瞬間、その拳銃を奪い取りスライドを外し作動しない状態にまでしました。一瞬の、一連の動きでそこまで完了させていました。そして、すぐ次の動作に移りました。

「今、どうやったんだ、と皆さん思っていますね――すると、こうもできます」

その言葉が終わらないうちに、彼は隣の隊員に近づき拳銃を奪い、今度は右斜め45度の位置に立って、その拳銃で隊員の頭部にまっすぐ照準をしたのでした。唖然とはこのことでしょう。

今まで見たことのない速い動きでした。彼は銃を下ろし、講義が始まりました。

「海外での活動や警備を行う自衛隊には、まず小銃や拳銃を取られないようにする訓練が重要となります――いいですか！ 実戦では、武器を取られる方が、射撃をする機会より多く発生するんですよ」

隊員たちはこのようなことを聞くのは初めてでした。だからこそ、インストラクターの顔をまじまじと見ていました。射撃自慢の若い隊員たちは、自分より上位の技術を持つ人のことを瞬時に見分け、尊敬するものです。

若い隊員が真面目に話を聞かないと嘆く中堅幹部がよくいますが、それは彼が部下の要求するスキルを持っていないと見抜かれているからだと、私は思います。この時、隊員たちは、食い入るような目で目の前のインストラクターを凝視していました。本物に出会ったからです。

隣にいた3科長が、

「教えている方はナガタ・イチローさんといいます。鹿児島県出身ですが、今はアメリカ国籍を取得したそうです。向こうで、いろいろな射撃の大会で優勝した経験を持ち、インストラクターの資格を習得したといいます。ガンのカメラマンとしても有名で、日本のガン雑誌の常連です。そのスジでは結構有名な人物のようです」と説明してくれました。

私はナガタ氏の横顔を見つめました。「この人物は本物だ」と理解すると同時に、今までやってきた訓練と、今見た動作が頭の中を駆け巡ります。彼はなぜか、そっけないオーラを出していました。実は、数分前に私が部屋に入った瞬間、彼は、まるで潜水艦が索敵するため探査音をピーン、と出すような感じで、私を確認しました。そして、私が彼の出した探査音に気づいたことまで感じ取っていました。この章の冒頭に「距離感を持った出会い」と書きましたが、ナガタ氏と私の出会いはそんな緊張感を孕んでいました。

さて、そんな私にお構いなく、訓練は続けられていました。

ナガタ氏は、米軍の特殊部隊などでよく使われている室内戦闘用に改良された小銃M４の電動モデルガンを抱え、Ｐ２２６拳銃を胸のホルスターに入れています。見ていると、Ｍ４を右撃ちから左撃ちに、つまり、右手の指で引く引き金を左手に変えるのを、いとも簡単にやります。拳銃も同様です。滑らかな動きで左右のスイッチを行います。

さらに、立った状態、中間姿勢、伏せた状態すべての姿勢で、左・右撃ちを自由自在にできるのです。もちろん、現在の陸上自衛隊ではほとんどの部隊ができるようになったことでしょう。しかし当時、それは見たこともない衝撃的な動作でした。というより、私はこの時に初めて、小銃の射撃動作に左撃ちがあるのを知りました。

真に実戦を想定して落ち着いて考えれば、左右どちらでも撃てなければならないことはわかります。例えば、身体の左側を壁につけて、その角の先に出て左側を撃つ場合は、右撃ちだけでもよかった。顔の右半分を出して敵を狙い、右肘を張らずに右手の指で引き金を引く。ところが、右側を壁につけて進み、角の右側を撃つ場合、左撃ちができなければ、身体のほぼ全面を敵にさらして撃たなければならなくなります。間違いなくやられます。

左撃ちができない隊員を見て、ナガタ氏はさぞかし驚いたと思います。だが、それに気づかされた私は、頭を大きなハンマーで殴られたような衝撃を受けました。

私は思いました。

「どうしてここまで銃の取扱いに慣れているのだろう？　本来、我々自衛官が当たり前のように知っていて、できなければならない銃の操作を、民間人の彼が、目の前で鮮やかにやっている。このナガタ・イチローとはどんな人物なのか？」

隊員の目の色が変わったのを、私は見逃しませんでした。彼らはナガタ氏の言葉を一言も聞き漏らさぬよう、そして銃の取扱い要領を一刻も早く自分のものにしようと、必死になっていました。訓練時間はあっという間に過ぎていきます。

それからナガタ氏が実施したのは、「銃口管理（マズルコントロール）」の訓練でした。正直に告白すると、当時、我々は「銃口を人に向けてはならない」という、銃を持つ者すべてが身体に沁み込ませているはずの基本動作が徹底されていませんでした。銃を水平に構えるのは、敵を見つけて射撃する時のみ。それ以外の時は、必ず銃口は下または上に向けておく。これはキホンのキです。

「銃口を人と自分の足に向けないようにしながら射撃をするマズルコントロールは、この程度できないと実戦では使えません」

そう言って、ナガタ氏は何人も人を立たせた狭い空間で、銃口を味方に向けることなく、正確にコントロールしながら射撃動作を繰り返し、示してくれました。スムーズな動きですが素早くて、銃口がブレることがまったくありません。実弾を撃っていたら、かなりの人数をあっという間に倒している動作であることがわかりました。

ナガタ氏が目の前で行う射撃動作は、まるで剣の達人が舞うようにして次々に相手を倒していく動きに似ていると感じました。

「アメリカでは、というか、すべての国でそうだと思いますが、警察官でも兵士でも、銃を持つ者でマズルコントロールができていない初心者は、絶対、次のステップには進めません」

後年、私はナガタ氏がそう述懐するのを聞き、世界との差を感じたことを思い出しました。その時、ナガタ氏は謙遜してこう言いました。

「私が自衛隊の皆さんに教えたことなんて何もないけれど、ただひとつ、銃口管理を徹底させた、というのは自信がありますね。表彰してもらってもいいくらいですよ」

ナガタ氏は冗談でそう言いましたが、これは陸上自衛隊として、表彰どころか勲章授与に値する功績です（実は後日、師団長から表彰されています）。

心を揺さぶられる言葉

さて、初対面の訓練場で、私はナガタ氏と話してみたいという衝動に駆られました。しか

屋内における各種銃の
保持要領と取り回し。

し、近づこうとすると、スーッと音もなく間合いを外されてしまい、彼は次の訓練の説明や動作に移ってしまいます。3回ほど試みましたが、間違いなく意図的に間合いを切られました。仕方なく、休憩に入るまで待つことにしました。

しばらく訓練を見続けていると、ナガタ氏は、

「陸上自衛隊は、50分訓練をしたら10分休憩をとる珍しいところなので、休憩にします」と言い、休憩になりました。

この時には、この言葉に何の疑問も感じませんでした。

この訓練に参加している隊員は、私と3科長を除きすべて陸曹です。古株の陸曹一人が、私に話しかけてきました。

「来日して、内緒で普通科連隊の隊員に戦闘技術を教えているナガタ・イチロー氏が、たまたま小倉に来たので寄ってもらうことができました」

いろいろ聞いてみると、そのころ、小倉駐屯地の近くの曽根訓練場が、陸上自衛隊としては初めて市街地戦闘訓練施設として整備され、そこでの40連隊の訓練を公開した様子がテレビで流されたのをたまたま見ていたナガタ氏から連絡が入り、急きょ小倉駐屯地に来てくれた、とのことでした。

私は、その陸曹に言いました。

「話をしたいんだけれど、ナガタ・イチロー氏に近づこうとすると、間合いを外されてしまうんだよなぁ」

彼はナガタ氏のところへ行き、連隊長が話したがっていると伝えてくれたようです。まるで伝言ゲームです。するとナガタ氏が、スッと間合いを詰めるような足取りで近づいてきました。探査音を飛ばしていた時とは違い、柔らかな表情になっています。

「陸上自衛隊の幹部の人が私と話したいと言うのは珍しいですね」まずは、そんな言葉だったと思います。

いろいろ説明するよりも感じたことをストレートに伝える方が、心が伝わると思い、

「痺れました」とストレートに言うと、

「どういうところにですか」と聞き返されました。

もう思いのたけを言うしかありません。

「本物であり、強い。自分が探し求めていた戦闘技術です。見せて頂いたすべての動作はどんな状況でも柔軟に対応できる動きです。実戦において強さを発揮できると感じました」

ナガタ氏はさらに相好を崩しました。

「陸上自衛隊の幹部は本物の訓練なんかわからないと思っていたが、こんな人もいるんですなぁ」急に人懐っこい感じになりました。

陸上自衛隊では、部外者を「講師」に招いたり、教範にないことを教えるのを嫌います。厳密に言えば、ナガタ氏のような「外部のインストラクター」に「射撃法」を教示してもらうには、何枚もの書類を書いて陸幕に申請して…しかも膨大な時間を費やしたのち「却下」されるのが関の山だったと思います。「真面目な」幹部や連隊長ならば、部外者は駐屯地になるべく入れません。その方が問題が起こらないからです。「民間人」のナガタ氏に対し、ナガタ氏が知り合った幹部たちは冷淡だったと思います。わかる気もします。

ですが、私は何より、強くなりたかった。今、すぐそこに危機があると感じていました。想定される事態に対応できる、強い部隊にしたかった。必死でした。今、自分の目の前に、私の自衛隊人生の中ではまったく見たこともないスキルを持った人がいる。そのスキルは圧倒的に実戦向きだ。遂に求めていた人物に出会ったのです。この人に何も聞かずに帰したら、大きなチャンスを逃すことになる、そう思いました。それが「痺れました」という言葉の意味でした。

ナガタ氏はそのあと、マズルコントロールの重要性やハンドガンの扱い方のほか、ローライトコンディションCQB（暗闇の中での近接戦闘）という、常識がひっくり返るような戦闘要領を教えてくれました。当時の自衛隊では、暗闇でライトを使うことなどタブーでした。ところがナガタ氏は、ミリタリーライトを使って敵の動きを封じる方法があることを示したのでした。隊員たちは夢中でその「初めての訓練」をやり続けました。

そしてその日の訓練は終了しました。密度の濃い訓練だったと思います。疲れていたはずです。でも、隊員たちは、本当に充実した顔をしていました。

訓練終了後、ナガタ氏に

「夕食でもどうですか、お酒でも飲みませんか」と誘うと、

「できたら、隊員と戦闘技術について話し合うことのできる部屋と、コーヒーとかではなく水が飲めるようにできますか」という答えが返ってきました。

「できる限りの時間、戦闘技術について隊員と話をしたいからです」と言います。

ナガタ氏にはその後、何度も駐屯地に来て頂くことになるのですが、いくら宿泊のためのホテルを用意すると言っても、ナガタ氏はそれを辞退するのです。隊員たちと一緒に寝泊まりしたいのだ、と。その姿勢は首尾一貫していました。

私は、ナガタ氏と並んで歩きながら、思っていた疑問を率直に口にしました。

「ナガタさん…ナガタさんはなぜ、アメリカからわざわざ、自衛隊に教えに来ているのですか？」

答えはこうでした。

「私は、今はアメリカ国籍ですが、私の戦闘技術をこの陸上自衛隊に伝えることが、私の愛国心だと信じているからです」

予想もしなかった言葉でした。私はナガタ氏の価値観の高さ、生きていく姿勢の素晴らしさと日本を純粋に愛する心に感動しました。これから、まさに本気モードでナガタ氏の戦闘技術とスピリットを学び、40連隊を強くしていこうと決心させる言葉でした。

そしてナガタ氏は、こう付け加えました。

「それと…連隊長、これからはイチローと呼んでください」

この瞬間、イチローさんとタッグを組んだ、第40普通科連隊の本当の訓練が始まりました。これから行われる訓練は、間違いなく陸上自衛隊の歴史に刻まれる訓練になると、私が確信した瞬間でもありました。

（上）長谷川朋之氏（トモさん）による拳銃を奪いにきた相手への対処。
（下）ペアによる室内における前進要領。

廊下の制圧と警戒要領。

銃を敵につかまれた
時の対処法「面取り」。

連隊長室でイチローさん（左）と訓練の進め方について話し合う著者（右）。

マウトにおける自由対抗方式の戦闘訓練。

第2章

ガンハンドリングができない部隊は実戦では戦えない

隊員たちが求めるリアルな訓練

私は、連隊長着任直後の戦闘団検閲の防御訓練において、敵機甲戦力を止める障害帯を縦深1キロメートル以上構成し、多目的誘導弾により長距離から機甲戦力の撃破を徹底的に追求する戦法を具体化しようとしていました。また、当時まだ珍しかった「マウト」（市街地訓練場）を使用した訓練などにも取り組んでいました。正式な教範もない時代です。隊員たちもハリウッド映画を見たり、海外の特殊作戦関連の書籍を漁ったりしながら、まさに手探りでスキルを身に付けようとしていました。そして一応、形になったと思って曽根訓練場での訓練をメディアに公開したのです。自信満々というわけではありませんでしたが、当時の私たちなりに納得したものでした。

そしてテレビのニュース番組で流れたその映像を、イチローさんが見ていたのです。たまたま九州の部隊に知り合いがいて、米カリフォルニアからトレーニングをしに来ていたそうで、ちょうど日程が終了し、疲れ切った身体をソファに預けて画面を見ていたら、40連隊のCQB訓練の様子が映ったというのです。

「自衛隊がテレビに映っているので見ていたら、同じ九州の部隊が市街地戦闘をやっていて…おいおい、あれじゃ、全滅だぞ！　何じゃあこりゃあ」

びっくりし過ぎてソファから転げ落ちた、というのは、あながち嘘ではないかもしれません。繰り返しになりますが、当時の私たちは、一応、公開してもいいレベルだと考えていました。だからマスコミにも公開したのです。しかし、「プロ」の目から見れば「話にならない」「全滅」レベルのスキルだったのでしょう。今振り返れば、私もそう思います。

私たちが幸運だったのは、それをきっかけにイチローさんが、帰国の予定を変更して40連隊に来てくれたことでした。

イチローさんの行う訓練は新しい戦闘技術に対するチャレンジの連続でした。それまでの訓練というのは、海を渡ってソ連が攻めてくる、という想定が基本になっています。それがまったくありえないとは言えません。ですが、私たち北部九州にいる部隊においてもっとも想定されるのは、北朝鮮の攻撃です。北朝鮮という軍事国家は、核兵器とか弾道ミサイルの実験をやって、一見そういう「飛び道具」の国のように思われていますが、実は世界有数の特殊部隊の軍隊を持つ国なのです。私たち九州の「防人」がまず想定すべきは、特殊な訓練を受けた北朝鮮の工作員との近接戦闘でした。

自衛隊に入り、国を守りたいと思って燃えている若い隊員たちは、「リアル」な訓練をしたいと熱望していました。ですから、世界最高の軍事力を持ち実戦を積み重ねているアメリカで「インストラクター」の資格を持つイチローさんが、最新技術の手ほどきをしてくれるということに、燃えないはずはありません。

もうひとつ大事なことは、現場のトップが、そうした熱意に応える勇気を持つことだと思います。一番蓋然性がある想定に即した訓練をしたいと情熱をたぎらせている隊員たちに、「そんなことは教範にないぞ」とか「陸幕の許可をもらうまで待て」と言った瞬間に彼らの気持ちは萎えてしまいます。悪いことをしているわけではありません。「今、そこにある危機」に打ち勝ちたいと信じている若者たちの前に、最高の「先生」がいるのですから。それが部外者であっても、また、部外者による教育は前例がないとしても、前例などというものは、作ればいいのです。私はそう考えました。

他部隊が連隊の訓練教官の若さに驚く

当時の40連隊の訓練を見学した関係者は、一様に驚きました。それは、「教官」役がとても若いからです。私は階級関係なしに、グループの中で一番戦闘技術の高い隊員が訓練教官をするよう命じました。その方が効率がいいのです。ほかの部隊から来た訓練教官やレベルの高い陸曹が小倉に来てまず驚くのは、そこでした。

挨拶もそこそこに訓練開始。陸士長が格闘の教官をやったり、若い3曹が銃の取扱いの教官として出てきます。見学者は違和感を抱くようです。それはそうでしょう、古株でバリバリの陸曹が教えてくれると思っていたので、拍子抜けしてしまうのでしょう。

しかし、うちでは当たり前のことなので、教官役の陸士長や若い3曹は、普通にどんどん訓練を進めていきます。すると、見学者の顔つきが変わっていきます。それは、その若い教官たちが目の前で高い戦闘技術を見せ、かつ、わかりやすい説明とコツを話すからです。スキルのある者は例外なく説明する能力も高いというのは、実戦を意識した部隊では常識です。技術は何となく身に付けているのではなく、きちんと頭で理解して、それを反復訓練によって身体に覚えさせさせているからです。

「連隊長、どうしてこんなことができるのですか？」と、よく聞かれます。

「どうしてできないのですか？」と、私は逆質問することにしています。

「皆さんも強さを追求していけば、すぐできるようになります。腕がいい者が教官です。努力を続けている隊員は人間的にも成長し、若くても十分教官になれます。頑張ってください」

連隊インストラクターによる中隊インストラクター養成訓練。

（上）インストラクターによる拳銃訓練。
（下）壁穴から銃口を離して行う室内射撃。

第一声「この銃は安全ですか」

さて、イチローさんの話をしなくてはなりません。

イチローさんは、年間6万発の射撃訓練を行い、弾も自分で作るというガンハンドリング・インストラクターです。もう一人、大事な人がいます。イチローさんの一番弟子、長谷川朋之さんです。イチローさんが全幅の信頼を置き、日本での訓練には常に同行します。最初にお会いした時に頂いた名刺は白と赤の2色刷で、日本国旗をイメージさせるものでした。そして「日本で2番の戦闘技術インストラクター」と書いてありました。私が怪訝な顔をしていたのでしょう、トモさん（長谷川氏）は、

「一番はイチローさんです」と柔らかく聞きやすい声で解説してくれました。

トモさんも、イチローさんが認める高い射撃技術と戦闘技術の持ち主です。有名な戦闘アニメ『Cat Shit One』の戦闘技術アドバイザーもしています。

そんなイチローさんたちを、私の一存で正式に招聘することにしました。正式に、といっても、私がお願いした、という意味です。イチローさんとトモさん、2人による「ガンハンドリング」の基礎訓練が始まりました。

体育館に各中隊の指導者を集めたイチローさんは、銃を目の前に、第一声でこう問いかけました。

「この銃は安全ですか？」

教官助教が自信なさげに、「安全…です」と答えると、

「なぜ安全と言えるのですか？」とたたみかけました。

その迫力に圧された助教が口ごもると、厳しい口調で続けました。

「この銃が安全な状態であるか見分けることができなければ、銃に触る資格はありません。当然、隊員を教育する資格もありません」

そうして、きちんとした理由がすべて出てくるまで、徹底的に質問は続きました。

「銃口はどちらを向いているのか」

「安全装置は確認できるか」

「安全装置はどの状態になっているのか」

「弾倉（マガジン）は付いているのか」

「薬室が見えるようになっているのか」

「薬室に弾は残っていないか」

ひとつひとつ、細かく細かく。それが基本なのです。私はそのやり取りを見ながら気づかされました。自衛隊というのは、これまで「銃を本当に撃つ」ということを前提としないで、訓練してきた、ということを。

銃というのは、人を殺傷します。ということは、使い方を誤ったり、きちんと安全を確認しておかなければ、味方まで傷つけるということにほかなりません。そのため、プロであるイチローさんは最初に口を酸っぱくして、「安全」というすべての事項で優先しなければならない基本を、全員の胸に刻み込んだのでした。キホンのキなのです。まったく妥協することは許されません。全員の理解度を細かく確認しながら、訓練は続いていきました。

教官助教全員が、イチローさん流の厳しい安全点検についてクリアすると、今度は銃の保持要領、歩き方、各種射撃姿勢という地味な基礎トレーニングが休みなく続きます。

集中力が低下したり疲れてくると、動きが雑になったり、銃口がほかの隊員に向いたり、足をかすったりします。イチローさんは、そういう動作を絶対に見逃しません。すぐ、「やめー」の号令がかかり、その動作をやって見せながら、

「皆さんは実銃でも今の行動をしますか？」と問うのでした。

（上）イチローさんによるCQBについての講義。
（下）ローの射撃姿勢訓練。

離脱中、後衛任務を行っている高機動車。

どこがどのように悪かったのか、隊員が納得するまで動作を再現し、改善点を説明します。「妥協」という文字はまったくありません。何度でもやり直し、反復演錬を行います。当初、隊員たちは、何でここまでうるさく言われなければならないのかと思っていたはずです。しかし、イチローさんの基本を徹底的にやらせる指導の厳しさを肌で感じて、これが世界では当たり前に身に付けておかなければならない動作であることを刷り込まれていきます。今まで当たり前ではなかったことが、訓練を続けていくうちに、必ずやらなければならない事項へ変化していきます。

ガンハンドリングは、実銃を使う戦闘において、当たり前のようにできなければならない戦闘技術の基本です。ひとつのミスも許されず、一瞬でも気を抜いてはならないことを教え込まれていきます。

単調で地味な、しかも、神経が擦り減って疲れる訓練が何度も何度も続くにつれ、疲労感は増していきますが、隊員の目は静かに光り続け、比例して真剣さも増していきます。こうした単調な基礎訓練で、集中力の持続と我慢強さが鍛えられ、能力向上のための基礎が作られていくのを実感します。

初日の訓練を終えて、イチローさんはこう言いました。

「君たちは今日1日で、『銃に触る資格のない状態』から、やっと『銃に触ってもいいレベル』になりましたな」

繰り返しになりますが、当時の私の連隊は、ほかの部隊と比べても練度は高かったと思います。しかし、イチローさんに言わせれば、やっと「銃に触ってもいいレベル」になった、ということなのです。隊員は世界標準に触れ、本物のレベルの高さを知りました。そして、私が嬉しく思ったのは、隊員たちの顔に喜びの表情が溢れてきたことでした。それはたぶん、彼らが、「もっと強くなれる」と感じたからです

本物を追求する世界の門をくぐる

2日目――。

隊員たちは、イチローさんから、カッコよく、見たこともないような、高度な戦闘技術を習えると思って集合していました。しかし、その期待はすぐに吹き飛びました。2日目もまた、単調な基礎訓練なのでした。

隊員の前には、握りこぶし大の標的が「W」型に並べられていました。「レディ…ゴー」という合図で、同じ射撃姿勢をきちんと取り、決められた時間内に、心を乱さず正確な動作

で連続5回、当てる訓練でした。弾足がわかるように電動モデルガンを使用します。標的までの距離は5メートル。私も実際、構えてみましたが、握りこぶし大の標的はかなり小さく感じます。これに5発連続して当てなければならないのは当初、至難のわざに感じました。体幹、筋力ももちろん大事なのですが、何より気持ちの問題です。呼吸の仕方も重要になります。ここには射撃の基本が詰まっていました。

のちに隊員たちは、どんな条件下でも、楽々5発命中できるようになりますが、やはり基礎を身体で覚えることが何より大事だということがわかりました。確実な動作ができないのに次に進んでも、技術が不安定のままで伸びないため、最初にしっかり基礎を身に付ける必要があったのです。

基礎編は、握りこぶし大の標的に銃口を下に向けた状態（ストレートダウン）から、４秒間隔で連続20回当てるとクリアです。

基礎をクリアした数名は、やりたいと思っていた次の段階の戦闘技術を、イチローさんが付きっきりで教えています。これを見たほかのメンバーの目つきが変わりました。基礎動作の重要性を認識し、必要とする基礎レベルの技術を身に付けた者のみが、次の高いレベルへ行けるという本物の世界への門を、隊員たちはこの日くぐったのです。

敵との間に民間人が
存在する場合の射撃。

フォーリンプレートを
使った射撃訓練。

ガンハンドリングは強さのレベルを判定する基本である

イチローさんは、2日間の訓練のみで、アメリカに帰国しました。彼が言い残したことは、「ガンハンドリングのできない隊員は必ずできるようにしておいてください。可能な限りガンハンドリングのレベルを上げる訓練をしてください」だけでした。

イチローさんは、次の一連の動きをガンハンドリングと定義しています。

○置いてある銃を安全な状態で、人に向けないように保持できること
○給弾し、安全装置をかけ、索敵し、倒すべき相手か識別して射撃ができること
○射撃後、弾を抜き、銃を手から離すまで安全を確保できること

ガンハンドリングは、銃に対する正しい知識と銃の手入れを含む管理、銃の保持要領、安全な取扱い、射撃、戦闘時の安全確保、精度とスピードなど、すべてに関係するものです。ガンハンドリングを「銃口管理」や「マズルコントロール」と言ってしまえばわかりやすいかもしれませんが、実はもっと奥深いものなのです。ガンハンドリングは、銃を持つ者のレ

ベルがわかり、戦闘技術に必要不可欠なものだからです。

置いてある銃を持ち上げる動作を見た瞬間、その人物の銃の取扱いと戦闘のレベルがわからなければなりません。これを感じ取れなかったり、わからないようでは、その隊員は、ガンハンドリングを習得していないと言わざるを得ないのです。

私たちは、実戦をいつも頭に置いているのです。敵の動作を見た瞬間、その者がどの程度銃を安全に操作できるかがわかり、そして戦闘能力まで見抜けなくてはなりません。それができなければ、敵のいる部屋へのエントリーや激しく動き回る中での射撃、識別射撃は危なくてできません。

武道は、お互いに構えた瞬間に強さがわかるものです。これと同じように、銃を持った瞬間にレベルがわかる程度まで力を付けておく必要があります。

ガンハンドリングは、高い戦闘能力を要求される場面になればなるほど、戦闘時の連携や混戦状態での射撃が正確・安全にできるように、より高いレベルと精度へ上げていかなければならないものです。単に銃を持つ資格を得る程度の銃口管理で終わりというものではありません。戦闘に応じていかなる状態でも銃を使いこなせるようにするため、要求される戦闘レベルに適合したガンハンドリングのレベルが必要となります。

ガンハンドリングのレベルが高い隊員は、銃を持った状態を見れば、「このレベルまでの動きはできる隊員だな」とか、「これじゃ危なくて基本からやり直した方がいいな」と瞬時に理解できます。

イチローさんの訓練によって、隊員はガンハンドリングのレベルの向上とレベルを判定できる能力が、次第に付いていました。

質の高い基礎練習を確実にやる

アメリカに帰国しているイチローさんとの訓練の話は、メールで行います。ＦＢＩなどの訓練を通じてイチローさんが習得した戦闘要領や、常に戦争をしているアメリカの最新の戦闘技術について、メールを始めると長文のやり取りが何回も続きます。当初はお互いに時差を気にしてのやり取りでしたが、白熱してくると互いにメールではもどかしくなり、アメリカから電話がかかってきて1時間以上話し込むこともよくありました。

二人で連隊の訓練状況や次の来日までに仕上げておくべきこと、準備することを話し合っているうちに「気づき」がたくさんあって、どんどん新たな訓練の構想が膨らんでいきます。

ですから、イチローさんが来日中、ほかの部隊へ訓練を教えに行っている移動時間も使って話し合いをしました。

「おっと連隊長、もうケータイの電池がありませんね」

そうやって打ち切らざるを得なくなったこともたびたびありました。

イチローさんは自発性を大事にします。隊員自らが技術の向上のために進んで基礎練習を行うようになると、飛躍的に強くなると言います。強くなるためには、射撃や銃を保持しながらの歩き方など、基礎的な部分の戦闘技術の向上が必要不可欠であることを強調します。

基礎技術がしっかりしていないと、成長はすぐ止まってしまいます。そうするとその隊員に悩みが発生します。悩みながら応用的な行動を反復練習してもうまくなりません。悩みながら達した「結論」は、しっかりとした土台を作り直す必要があるところに戻ります。

ただ、土台を作り直す訓練は、今までの基礎訓練よりも、さらに厳しく集中しなくてはなりません。自分がこれまで漠然と回数をこなすことで得たものを捨て、質も量も見直して真剣に取り組む。それができれば、基礎訓練は、大きな飛躍の源になります。原点に立ち返る勇気は、戦闘技術の向上と人間的な成長を与えてくれます。

そして指導者は、危機感を持って成長していく隊員の基礎練習の様子を見逃さないようにすることが大切なのだ、イチローさんはそう話してくれました。

実戦的な訓練と通常の練習の違い

イチローさんは次のステップとして、基礎練習で確実に力を付けた隊員に対して、危険が同時に発生した状況で何を即座に対応すべきか判断し、行動できるかを経験させなければならないと言います。

自衛隊も以前から「実戦的な訓練を」と言い続けてきました。しかし、実戦の現場では、「危険」で「複合的」な事象が「同時」に起こるものです。我々は意識改革を迫られます。リアルな実戦を想定すると、訓練が変わってきます。端的に言えば、「緊迫感をどこまで高めることができるか」ということになります。

イチローさんは、常に「緊迫感」のある訓練環境を作ることに力点を置き、「リアリティ」を追及します。一切妥協せず、修正を続け、隊員たちの精神が疲れ切るような状況を、可能な限り作り上げていくのです。そのことに、我々ははっとさせられるのです。ぎりぎりに追

ダブルガンによる廊下の掃討。

時間があれば、マウトでバディ訓練を行う陸士。

い詰められて、初めて彼らは成長するのです。妥協があってはならない。生ぬるい訓練では得られるものはありません。

具体的に言えば、まず、訓練相手の対抗部隊は、一番レベルの高い隊員たちに担当させます。自分たちよりも強いメンバーが本気で敵となる戦闘訓練ですから、それは激烈なものになり、通常の訓練では起こらないような身体の反応が起こります。

身体の反応とは何か。それは、射撃をして加熱している薬きょうや跳弾の破片が目に入らないようにかけているゴーグルやグラスに現れます。それまで経験したことのない緊迫した状態になると、訓練を行っている者のゴーグルは、決まってスモークをたかれたかのように曇ってきて見えなくなります。これは、実際に経験しないとわかりません。急にゴーグルがどこからか発生した水蒸気で曇るのです。一瞬にして見えなくなり、敵を捉えられなくなる。この状態は、非常に危険であり、死に直結します。

「皆さん、必死でやっているうちにゴーグルが曇ってきたでしょう？　あれっ、どうして、なぜだ、と感じて焦ったはずです。でも、それは自分の身体で起こる生理的な現象なんです。誰もが経験することなんです。人間は、生死をかける戦闘状態では強い動きをするため、血圧が上がり、自動的にアドレナリンを出します。それと同時に、身体中から汗が噴き出ます。

これを『精神的発汗』と言います」

訓練終了後、イチローさんはそう説明しました。

人は興奮したり、能力を極限まで使おうとすると、ふだんは出ない水蒸気が目から出てきて、ゴーグルやグラスを曇らせるのです。生ぬるい訓練だけを繰り返していればよかった時は、レンズは曇らなかった。しかし、極限状況の訓練では曇る。隊員に甘えがあれば、一旦動作を止めてレンズを拭けばいい。しかし、考えればわかることですが、実際の戦闘状況下で、悠長にゴーグルを外して拭く余裕などあるはずがありません。

そうして私たちは、極限の訓練を通じ、自分たちの身体に何が起こるのか経験する必要性を感じ、さらには通常よりも性能が高く「曇りにくい」ゴーグルの必要性を痛感するのでした。

また、実戦的な訓練は、体力維持の仕方を教えてくれます。水分補給の問題です。CQBのように激烈な近距離での戦いは、極限の力を引き出すために身体が水分を急激に消費します。夏場では、30分程度の戦闘でも激しさが増すと、水筒の水を飲み干しても喉の渇きが止まらず、身体がうまく動かない状態になります。長時間戦うためには水分補給が必要不可欠であり、しかも戦闘を継続しながら水分を補給できるようなバッグが必要なこともわかってきます。

さらに、実戦的な訓練を繰り返すと、戦闘の間、いかに体力の消耗を避けながら戦闘行動を続けられるか、考えるようになります。体力を消耗すれば、身体は必要な時に必要な動きができない状態になり、体力の消耗はそのまま死を意味するのです。これを身体で理解した隊員は、意味のない動作や無駄な動きをしないようになります。併せて、粘り強い身体を作るための基礎体力の練成が必要なことを理解します。

基礎訓練と真に実戦的な訓練のループ

実戦的な訓練により、通常の訓練ではわからなかったことや不足しているものを認識でき、改善するには厳しく緊迫感を高めた基礎訓練が必要であることを理解します。大きくがっちりした基礎を作ることにより、それまでの限界を突破し、さらに能力を高めることができるのです。

私は、極真会空手の大山倍達の高弟であり、キックボクシング界でも多くのチャンピオンを育てた黒崎健時氏の言葉を思い出します。彼はこう言いました。

「気持ちの入っていない突きを1000本するならやらない方がいい。最強の敵を倒せる全身全霊を込めた突きを10本する方がはるかに効果がある」

これは、黒崎健時氏の著書『必死の力・必死の心』にある私の好きな言葉です。ただ、それまでそんなものかなと漠然と感じていたことが、イチローさんの訓練で実感できたのです。ゴーグルが曇り、激しい水分消費をする訓練を経験して、黒崎氏の実戦的な稽古をせよ、そうしないと勝てない、という言葉が真に理解できるようになりました。

実戦的な訓練に適している電動モデルガン

さて、基礎訓練が浸透していくと、我が部隊には驚くべき現象が起きてきました。それは、隊員たちが率先して「電動モデルガン」を買い始めたのです。訓練担当の幕僚から「隊員たちが最近、飲み代を切り詰めて電動モデルガンを買っています」という報告を受けた時、隊員はプロを目指し始めたなと感じました。

「電動モデルガン」と聞いて「おもちゃ」を想像される方もいらっしゃるでしょうが、たぶん、想像をはるかに超えた精密な模造銃です。

とくに89式小銃のサバイバルゲーム（以下、サバゲー）用電動モデルガンは、実銃と同じ形状であり､同じ重量､同じバランスです。ずっしり重い。買えば数万円はします。実銃だと、厳しく管理され、課業時間外は持ち出せない。また、実銃だと空砲でも音が出るため、住宅

89式電動モデルガン。

地に近い場所や夜間の使用は制約されます。さらに言えば、戦闘訓練をしている時は射撃音は出ますが、弾がどこへ飛んでいっているのか、どこに当たっているのかは把握できません。

サバゲー用の電動モデルガンはBB弾（電動モデルガンから発射されるプラスチック製の弾。地面に落ちたBB弾は草花の肥料になる）を使います。発射音は小さく、弾がどこに飛んでいったか、命中したかどうか判別もできます。ただ、モデルガンとは言っても、発射した弾の威力は相当なもので、ガラスを割り、目に当たれば失明の危険もあります。口を開けていて歯に当たると歯が折れることもあります。ですから、電動モデルガンを使う場合も銃口管理はきちんとなされなくてはなりません。もっと言えば、電動モデルガンは実銃よりもいつでも弾の出る状態にできるため、より注意が必要なのです。結果的にガンハンドリングのスキルを磨くことができます。

課業時間が終わっても、隊員たちは銃を手元に置いておきたいと思っている。そのことが、私はとても嬉しかった。彼らは時間を使い、カネを使ってまでも、職務に必要なスキルの習得に打ち込んだのです。従前の自衛隊の訓練で、そういうことはあったでしょうか。なかったと思います。彼らは実は、「目的」が欲しかったのだと思います。目的さえ与えれば、彼らは黙っていても無心に努力するものだと知りました。

戦闘訓練では、自由自在に動きながら、相手を倒す射撃のための位置取りをします。この位置取りがなかなか難しいのです。仲間が正確な射撃ができないと、敵から撃たれるか、動けなくなります。各自が正確な射撃ができれば、チームワークで戦えます。そして有利な態勢に持ち込むと相手を倒すことができます。

思えば、銃口管理という基本を知らなかったということは、本当の「敵」を想定していなかったと言えるのかもしれません。イチローさんに教えられ、ガンハンドリングを学ぶと、隊員たちは急に動けなくなってしまいました。プラスチックの弾でも怪我をする。さらに実弾だと、死に至ります。そう考えると、当然、動けなくなります。だから、彼らは危機感を覚えて、電動モデルガンを常時手元に置いて、習熟を図りました。そして実際、自然に身体が動くようにしていったのでした。

電動モデルガンを自由自在に操れるようになれば、実銃で空砲を使用した「弾の出ない」訓練より、格段に実戦的な訓練ができるようになります。そうして彼らは、訓練のステージを上げていきました。

集中力と精度が必要なフォーリンプレート射撃。

4名1組で行うマウト訓練。

サプレッサーを装着しローライトコンディションによるホステージ（人質）救出訓練。

column-❶

長谷川朋之氏との後日対談

銃口管理、ガンハンドリング

長谷川朋之
ナガタ・イチロー氏とともに、40連隊のCQB・ガンハンドリングの訓練に招かれた部外インストラクター。本編48ページに登場。

二見　トモさん（長谷川氏）は、自衛隊や警察などで銃の取扱い、そのほかさまざまな訓練指導をされてきたと思いますが、その中で訓練の進め方やポイントとなる事項をお話し頂けますか。

長谷川　そもそも訓練に携わろうと思ったのは、自分はガン好きということで、その知識や経験を求めてくれる方たちとシェアしていきたいという大きな希望がありました。訓練で依頼されるのは〝基本から〟ということで、まずは銃の扱い方や射撃の仕方などを幅広くお話しさせて頂きます。その中でイチローさんがとくに言っていたのが「銃口管理・銃口意識」ですね。銃を安全に使用するためには、銃口管理がとても重要です。そのため、銃の扱い方の訓練は、銃口管理から始まったかと思います。

二見　銃口管理というのはなかなか深いもので、ただ銃を安全に取扱うという基礎的なことから、実弾で撃ち合う実戦において仲間を撃たないで敵を倒しながらも安全を確保するという高いレベルまで、広い範囲で必要なことですよね。しかし当時（2000年代前半）の陸上自衛隊では、銃口管理ができていないという以前に、それがどういったものなのかも知らなかったのです。指摘をされてその重要性に気がつきました。

感覚的には重要なものだという気はしていたのですが、やってきませんでしたから、必要性がわからなかったんですね。もうひとつ驚いたのは、銃に近づく動作、触る動作、持つ動作でその人のレベルがわかってしまうことです。格闘技も構えたところでレベルがだいたいわかってしまうじゃないですか。それと同じことですよね。

長谷川　そうですね、まさにおっしゃる通りです。私が影響を受けたある特殊部隊員には、「素手の格闘も、ナイフも、銃も、すべて構えは同じだ」という風に教えられました。要は、戦闘可能な距離が変化するだけということです。私にとって、これは大きな意識改革になりました。「鉛は拳の延長」ということです。隊員の皆さんは素手の格闘をやっている方が多かったので、そういった考え方から入ることで、理解が進むのが非常に早くなったと思います。

二見　私が印象に残っているのは、中隊の指導者レベルのメンバーを集めて銃の安全確認の講習を行った時のことです。講義のあと、「その銃は安全ですか？」という質問をされて、その安全性を説明できないと、いつまでも「なぜ？ なぜ？ なぜ？」と追及されました。

あれは非常にインパクトがあるとともに、身になる訓練だと思いました。

長谷川　銃が安全な状態であれば、危機的状況に陥った際、即座にそれを使用することができます。しかし、安全の裏返しは危険です。銃を持っていても無敵ではありません。使いこなして初めて威力を発揮するものです。その使い方がわからなければ、ただのお荷物になるどころか、自分や仲間を危険にさらすものになってしまうのです。「その銃は安全ですか？」という質問を何度もさせて頂いたのは、そういった理由からです。

二見　あれ以来、「この銃は安全ですか？」と質問して答えられない隊員には、銃を触らせないというのが当たり前になりました。非常に重要な訓練だったと思っています。

第3章

実戦で必要な知識・行動

建物の掃討は訓練していないと大きな損害が発生する

イチローさんは、隊員たちが電動モデルガンによる基礎的な戦闘訓練で確実にガンハンドリングができるようになると、建物内の階段の戦闘訓練に移行しました。階段での攻防は、戦闘に必要な正確な射撃技術と細かく確実な位置取り、チームワークが必要だからです。毎回、各自が持っている戦闘技術を限界まで使って戦わないとクリアできない難しい訓練が、建物内の階段の戦闘です。

建物内の階段の戦闘は、窓や電灯にビニールシートをかけＢＢ弾によりガラスや電球が破損しない処置をした、実際の建物で訓練を行います。この処置をしてからさまざまな種類の建物を使用して訓練をしました。

実際にやってみて気づいたことがありました。上から攻める訓練と下から攻める訓練をしてみると、圧倒的に上から攻める側が有利でした。実銃では安全管理上やれませんでしたが、電動モデルガンを使用した訓練だからわかったのです。9対1の確率で、上から攻める部隊が勝利します。上からの攻撃は下の部隊の動きがよく確認でき、射界が広く取れ、階段の形状によって姿を隠し、防護されるからです。階段の上にいる敵を下から射撃するには、敵の射線に身体を暴露させる位置取りをするしかありません。上にいる側はトーチカ内の銃眼口から敵を見つけて撃つ状態であり、下から攻める側はトーチカで守られている敵の銃眼口を制圧しなければ、前に出ることはできないのです。この特性を知らずに下から攻め上がると、一瞬で分隊は全滅してしまいます。

こうしたことは、我々の従前の訓練ではわからなかったことです。戦闘場面のある映画では、必ずと言っていいほど攻撃部隊はヘリを使い、屋上にラペリングで降りて上から下に敵を掃討していきます。その理由を、隊員たちは実際の訓練で体感して知ることになったのです。

上からの攻撃が有利である。そのことがわかっているから、イチローさんは隊員たちに下からの攻撃を重点的にさせました。スタック（分隊の戦闘のための隊形）を組み、ロック（敵の火点を照準し続け撃たせないようにする射撃支援）をかけ、カッティング（安全を確保しながら少しずつ敵の射線へ入る動作）により、少しずつ前に進み確実にダブルガン（敵に指向する火力を増強するため、2丁の銃による射撃を行う）で攻撃することでしか相手を倒せないのです。これによって集中力と正確な射撃技術、崩れないチームワークが鍛えられます。一人のミスや見落とし、やらなければならない動作を行わないと、確実に上から崩され、負傷者の山になります。

下からの攻撃が終わるたびに、問題点とその対策をチームで話し合い、リハーサルをして再度、下からの攻撃を行います。これを時間の許す限り繰り返していきます。

下からの攻撃の成功率が高くなると、一番強いチームを上に配置し、戦闘の難易度を上げます。9回に1度の勝利の確率が、そこでまたゼロになります。そこから再び、さらに高いレベルの攻撃を目指すわけです。そしてまた、問題点と対策を話し合い、リハーサルを繰り返しながら訓練が続いていきます。

この訓練において限界が生じる原因は、正確な射撃、迅速な弾出し、安全を確保して進む分、隊員の連携要領など、基礎レベルと細かい詰めが不足しているからです。実戦的な訓練のレベルを上げるためには、基礎レベルの訓練を積み上げ、大きな土台を作ることが必要であることをここでも痛感します。

イチローさんは、訓練が終了し日本をあとにする時、次来るまでに確実にできるようにしておかなければならない基礎訓練の宿題を隊員たちに出して、アメリカへ戻ります。そこで隊員たちはどうしたか。彼らは、個人、バディ（二人一組）、チームで基礎訓練を行い、レベルを上げるための土台作りを自主的に、それも休日や代休も使って行いました。イチローさんが来た時にそれができていないと、「次」に進めないからです。

隊員たちは、実戦的で難しい状況の訓練を行いながら、基礎訓練を積み上げ、レベルアップに必要な大きな土台を作ると、戦闘能力が加速度的に向上していくのを実感しました。

そのころの40連隊の強さの理由は、やらされている訓練や流しているような訓練ではまったくなく、基礎訓練の飽くなき反復を隊員自らができるまで行っているところにありました。

バトラー（実戦と同様の訓練を可能にしたレーザー交戦装置）を使用した建物掃討訓練。

（上）できるまで繰り返されるスタック訓練。
（下）一瞬も気を抜けない階段の戦闘。

階段が使用できない
場合の負傷者の後送。

正確で速い至近距離射撃の必要性

当時、陸上自衛隊では、近距離や建物内射撃を行う訓練をしていませんでした。ですから、私たちに、至近距離の射撃において精度と速さが必要であるという意識は、まったくありませんでした。漠然と、こう思っていたのでした。

「距離が近ければ、射撃は簡単だろう」

しかしイチローさんから、この考え方が間違いであることを徹底的に教え込まれました。結論はシンプルです。敵までの距離は遠ければ遠いなりの、そして近ければ近いなりの難しさがある、ということです。とくにそのころの私たちは「近距離」の困難さを認識していなかったので、訓練には意識改革が必要でした。

イチローさんはこう言いました。

「実際の射撃を行う場面では、敵か味方か、瞬時に判断しなければならない。さらに言えば、戦闘現場では、敵なのか、ただそこにいる民間人なのか。武器を持っているのかいないのか。あるいは、銃を使用しようとしているのかそうでないのか。一瞬で見分けなければならないんですよ。これを射撃の必要性を判断する『識別射撃』と言いますが、識別射撃は戦闘現場では常態化しています。しっかり身に付けておかないと、敵か味方か、撃つか撃たないか迷っているうちに、やられてしまいます。いいですか！」

識別ができるのは、裸眼では30メートル以内の間合いになります。間合いが近くなればなるほど、迅速な判断と射撃動作が必要となり、射撃技術のレベルを上げないと対応できないことが、弾足のわかる電動モデルガンの訓練で、隊員自ら気づくのでした。

建物内での戦闘は、敵のレベルが高くなればなるほど、狙える部分が小さくなります。ですから、精度の高い射撃が必要となります。例えば、こういうことです。廊下の向こう側とこちらで壁に隠れて撃ち合う場合、低いレベルの敵は、左手で銃を保持し引き金を引く右腕の肘を横に張っているので、銃と右肘が丸見えになって、右足と右肩が射撃目標となります。ところが、レベルの高い敵だと、身体をできるだけ壁から出さないようにして射撃姿勢を取るので、引き金を引く人差し指と中指のこぶし部分、あとは狙いをつける右目から耳までの部分しか見えません。しかも、射撃動作が速く数秒程度しか露出しないため、瞬時の照準と小さな目標を撃ち抜く正確な射撃技術が必要となります。

逆に言えば、敵の射撃目標になる部分は最小にしなければなりません。このため右撃ちも左撃ちも習得しなければならなくなりました。のんきに肘を張る姿勢など取れないことは、電動モデルガンを使った訓練で、突き出した肘にビシッとBB弾を当てられ、痛い目にあいながら体得していくことになりました。

防弾ベストと弾丸の威力

1980年代のこと。30人ほどの部下を率いる小隊長としての教育を受ける幹部初級課程で、教官からこう聞かれました。当時まだ防弾ベストは部隊にはない時代です。

「お前たち、実戦の時は、防弾ベストを着たいと思うか?」

20歳半ばの私たちは、自分たちの訓練風景を思い浮かべながら、こう答えました。

「…思いません」

私だけでなく、ほとんどの小隊長がそう答えました。今では、防弾ベストなしの訓練などありえないとわかります。戦闘の行われる現場とは、弾が飛んでくるフィールドなのですから。

当時の私たちには、戦傷というもののリアリティがなかったのだと思います。「あれは、重くて動きが悪くなるから」。そういう視点のみで回答していたのでした。質問した教官も、本当の意味でのリアリティがあったかはわかりません。まだ、防弾ベストに関する知識も、ほとんどというかまったくない状態で、自分たちが実際、戦闘に巻き込まれる切迫した状況がなかったからなのでしょう。そういう時代でした。

小隊長時代、私が疑問に思っていたことは、ベトナム戦争でも当然、防弾ベストを着て戦闘をしているはずだ。なのに、米軍の兵士が戦死しているのはなぜなのか、ということでした。こう思っていました。

「防弾ベストを着てさえいれば、弾も砲弾も防げる」

大きな勘違いでした。

チタン製ナイフで貫通する防弾ベストに驚愕

1992年のカンボジアPKOから、陸上自衛隊の海外派遣は始まりました。国外任務が常態化した今では、防弾ベストの性能や脱着の容易性などは研究され、小銃弾から身体を防護できるレベルの装備が支給されるようになりました。四半世紀で長足の進歩を遂げました。

思えば、イチローさんが40連隊に来てくれるようになった約15年前という時期は、イラクへの部隊派遣が決まり、国外での平和維持活動の経験に加え、世界最高水準のアメリカ軍と訓練をし始める転換期だったと言えます。

ただ、我が組織の多くの部隊長や主要な幹部は、イチローさんの行うような、実戦的訓練

近接戦闘において、ナイフは非常に危険な武器である。

ローによる高機動車の下からの射撃。市街地ではロー姿勢が有効な場面が多い。

内容は、教範に記載されていないものであるため、正式には受け入れない状態でした。今も残る「教範至上主義」です。陸自で行うことはすべて教範に則って行われなくてはならない。そういう頑なな姿勢です。そういう姿勢を全面的に否定するつもりはありません。規則に則り、地道にやっていくことも必要でしょう。そういう時代も確かにあった。しかし、日本を取り巻く安全保障環境、そして世界の情勢は大きく変化しています。変化に対応できなかった組織は、国は、生き残っていけないと思いました。

国内で、海を越えて侵入してくる敵に対処する。そういう想定だった時代は、それでよかったのでしょう。逆に、それ以上のことはしてはならなかった。ただ、冷戦が終わり、政治が自衛隊を海外に派遣するようになった。その時、冷戦期型の態勢のままでいいはずがない。言葉も、宗教も、考え方も、そして戦い方も違う相手と対峙する時、国内でとどまって対処する、そのままのやり方は通用しないのです。

私の観察によれば、海外任務や国外での訓練に参加するほとんどの部隊は、イチローさんの訓練指導を非公式に受けていました。それは幹部ではなく、実際、最前線に立つ陸曹たちの危機感から始まったのでした。

「任務遂行に必要な戦闘能力が、自分たちには圧倒的に不足している」

セラミックプレートを挿入することで小銃弾にも対応できる、現在陸上自衛隊が採用する防弾チョッキ３型。（画像：U.S. Marine Corps photo by Lance Cpl. Brian BekkalaReleased.）

そうした部隊の陸曹レベルの危機感は、次々に全国の部隊に広がっていったのでした。部隊長に内緒で休日にイチローさんを招聘し、訓練を受け、何とか必要な能力や知識を習得していったのです。

「隊長クラスは嫌い」と公言しているイチローさんは、一方、若い熱心な陸曹、陸士が大好きでした。すべて手弁当で、ホテルなどには泊まらずに隊員と一緒に寝泊まりし、声をからして稽古をつけ（まさにそういう表現がぴったりだったと思います）、そしてまた次の部隊へと飛び回っていました。

冒頭にも書きましたが、まさにイチローさんは「戦闘技術を伝えることが、私の愛国心」という言葉の通りに精力的に動き回っていたのでした。

さて、話が防弾ベストからだいぶ離れたので、元に戻しましょう。

ある時、当時の陸上自衛隊が装備しているタイプと同じ防弾ベストをイチローさんが持ってきたことがありました。そして、チタン製の鎧通しの形をしたナイフ（イチローデザイン）を見せ、言いました。

「この防弾ベストは、これで簡単に貫通できます」

言葉の通り、ナイフの先はいともたやすく防弾ベストを貫通しました。

イチローさんは説明しました。

「皆さんの使っているタイプの防弾ベストは、砲弾の小さい破片を防ぐことはできますが、小銃弾は簡単に貫通するタイプです。拳銃弾は止まる可能性がありますが、鋼板が入っていないので、あばら骨が折れ内臓を損傷します」

自分たちの持つ防弾ベストは、ある程度の防護性しかないと薄々感じていた隊員も、予想以上の弱点を見せつけられたのでした。その場に驚きと、そして落胆が漂ったことを私はよく覚えています。

鋼板がないと小銃弾は止めることができない

イチローさんは、こう続けました。

「レベルⅣの鋼板の入った防弾ベストを着用しないと、小銃弾から身体を守ることはできません」

防弾ベストには、ⅠからⅣのレベルがあり、レベルに応じた防護性があることを、私たちはこの時初めて知りました。各種鋼板をひとつずつ見せながら、鋼板を入れた場合の防弾ベストの重さを体験させ、撃たれた時に簡単に脱げないと応急処置ができないことなどを説明します。

「これが世界で使われている装備なんだ…」

知らなかったわけでは決してないと、私は思います。こんな装備では、本当は戦えないと。薄々はみんな気づいていた。真面目な隊員は、心に思っていた。だけど、誰も口にしなかった。それを外部のイチローさんが、当然のように示したのでした。専門家として。戦闘のプロとして。隊員たちのプロ意識が燃え立たないわけはありません。

イチローさんの説明はさらに続きました。

「レベルⅣの防弾ベストを着ていても、鋼板の入っていないわき腹、それから防護されていない肩口、ここを撃たれると弾は心臓まで届きます」

隊員を前に立たせ、指で示し、叩いて見せて、教えます。びくっとしながら、隊員たちはすーっと覚えていきます。イチローさんが言いたかったのは、「装備による防護力には限界がある」ということです。小突かれたわき腹や肩、へその下、そして顔は撃たれると死に直結することを身体で伝えようとしていました。テロリストや銃に精通している人は、相手が防弾ベストを着ているとわかれば、当然そこを狙ってくるからです。

この時期から、陸上自衛隊は世界標準の装備を取り入れていく方向に大きく舵を切っていきます。その原動力となったのは、イチローさんに触発された、現場の隊員たちの危機感だったと、私は信じています。さらに言えば、このころの40連隊の訓練には、陸上自衛隊の全国のほかの部隊だけでなく、近隣の海上自衛隊、航空自衛隊、それから警察関係、海上保安庁関係の有志までが、どこかでウワサを聞きつけて集まっていました。だから、各自自分の所属する組織の色の訓練着を着用して訓練を実施していました。それぞれが色に関係なく必死で訓練に立ち向かう風景…それは異様であり、ある意味、壮観でもありました。

彼らは、当然のように装備についても、イチローさんから聞いて、世界標準のものを欲したでしょう。組織にも予算があるから簡単ではない。だけど、現場は熱意を持って説得する。自衛隊だけではなく、危機対処に関するすべての組織が、この時期、動き始めたのでした。イチローさんの影響は計り知れないものがあったと、私は感じます。

跳弾の威力

正直に告白すれば、イチローさんと出会い、銃や弾について基礎から学び直すまで、私は、跳弾は弾頭の形のまま跳ねて飛ぶものであると思っていました。恥ずかしい話です。さらに言えば、小銃弾と拳銃弾では跳弾に違いがあることも知らずに戦闘訓練をしていたのでした。

このような状態にあった自衛隊の第一線部隊を見たイチローさんは、驚きを通り越して呆れていたと思います。そして、そこで陸上自衛隊の若い隊員たちへ世界の「常識」を伝える必要があると考えたのではないかと思います。

跳弾は薬量や弾頭の形状、入射角によって、跳ね方や弾の変形の仕方が違います。発射薬の少ない拳銃弾は初速が遅いので、対象に当たった時、弾の潰れ（変形）が比較的小さく、跳ねます。このため、アスファルトの道に停めた車の下に隠れている敵を、跳弾を使って倒す射撃法があります。

一方、小銃弾は初速が速いので、硬いものに垂直に当たった場合、弾頭が粉々になって飛び散ってしまいます。ただし、たまに入射角が浅いと、飛び散らないである程度の大きさの跳弾となります。

そういえば、小銃を使わない時、下向きにした「ストレートダウン」で保持する必要性があるかについて説明するのに、イチローさんは「ドラム缶に水を張って、上から垂直に撃った時の弾の状態をみんなに見せたらいいい」と話していました。さすがにここはアメリカではないので、ドラム缶を小銃で撃って見せることはできなかったのですが、言葉で説明してくれました。

インストラクター（照井資規氏）による弾と弾道についての講義。

「アメリカで一般的に使われているタイプのライフル弾は、威力は高いが弾頭の中に鉄芯が入っていません。鉄芯が入っていると貫通力は高まるが、威力が落ちます」とわかりやすく話してくれました。

小銃を垂直に構えて水を張ったドラム缶を撃つと、弾の表面をコーティングしている金属がきれいに開いた花びらのようになり、鉛部分は潰れて飛び散ると言います。

「銃口は必ず下に向けておくこと。下に向けていても、暴発することがあるかって？　もちろんその通りです。でも、ストレートダウンの状態だと、もし弾が出ても金属の花びらと、地面に当たって潰れた鉛の小さな破片が飛び散るだけ。小さな破片なので足にパラパラ当たっても大丈夫。コンクリートに撃ち込むと、3センチメートル程度のすり鉢上のくぼみができます。濡れている地上では乾いた地面よりも深く入り、飛び散るのは泥程度です」と弾の当たるところの状態による違いも教えてくれました。

そんなことを当たり前のようにイチローさんは話します。しかし、知っていて当然のことを、私を含めた戦闘要員たちは知らなかったのです。とんでもない基礎知識の欠落だと感じました。

なぜグラスをかけなければならないか

あれは確か2003年ごろだったと思います。イチローさんは、隊員たちにこんな質問をしました。

「射撃の時、陸上自衛隊で必ず装着しなければならないものは何ですか?」

隊員は、実弾射撃の時の行動を思い浮かべながら、

「鉄帽…ですか。あと、耳栓もです」などと答えました。

すると、イチローさんは

「なにー!」と驚き、

「グラスはかけないのですか?」と大きな声で聞いてきたのでした。

「屋内での実弾戦闘射撃の時、グラスはどうするのですか? 目の防護をしなくてもいいんですか?」

「やっていません」と隊員たちが答えると、不思議そうな顔をしました。

「屋内での戦闘射撃や、建物を模した訓練場での戦闘射撃では常識ですよ」

どうして、そんなこともしていないのか、何度も問い詰めていましたが、隊員たちは答え

られません。そんなことを教わっていないからです。そして、こう言うしかなかったのです。

「屋内で自由に実弾射撃ができる射場はありません」

まさにそうなのです。当時は、屋内の射場はそうそうなかった。するとまた、イチローさんは不思議そうな顔をするのでした。最後は、陸上自衛隊は早急に屋内戦闘射場を作る必要性がありますね、というため息で会話は打ち切られました。

次の訓練から、イチローさんは、「グラスの必要性」について1から教育してくれました。屋内では、敵の弾だけではなく、味方の撃った薬きょうが回転しながら水平に飛び出し、当たると刃物のように切れる状態になります。目に当たれば失明の可能性があります。また、壁から10センチメートル離れて撃った自分の跳ね返ってきた薬きょうでも同じことが起こります。

通常4~5メートル飛ぶ薬きょうが50センチメートルの距離で当たると考えれば、かなりの威力があることがわかります。

訓練には必ずグラスが必要なのです。それも自衛隊が知らない、「世界の常識」でした。

とんでもない威力の弾と見てわからない隊員は本物か

ある時イチローさんと雑談をしていて、数枚の写真を見せてもらいました。

「これがホローポイント(弾頭に入れる切り込み)の弾頭です。ホローポイントの形によって、弾が身体の中に入った時にできる空洞の大きさが異なります。テロリストなどは、ジュネーブ条約で禁止されている威力の高い弾を使用してくる可能性があります」と指摘しました。

イチローさんは、各種弾頭の特性について話をしてくれました。

「この弾は、熊を1発で倒せる威力があります。人間に当たったら、太ももが千切れるほどの威力です。恐ろしい弾です」

この時私が感じたのは、2つのことでした。まず、全体的にスマートな印象の弾なのに大きく切れ込みを入れただけで威力が増すことへの驚きです。そして、こちらが重要なのですが、弾を見て、瞬間的にどのような威力や特性があるかわからない戦闘要員でいいはずがないということです。戦闘員として、自分の知識レベルの低さを恥じました。さらに、世界標準の軍レベルの部隊を早く育成しないと、実戦では大変なことになるなとも感じました。

夜間戦闘における問題

陸上自衛隊の夜間戦闘の基本は、音を出さない、光を出さない、低いところを行動する――です。夜間の行動は、懐中電灯の光では白く明る過ぎるため、赤いセロファンを被せることにより光度を下げて使用します。夜間、光を漏らしてしまうと、自分や部隊の居場所を遠くからでも敵から発見されます。また近距離では、敵は光に向かって撃ってきます。確実に損害が発生します。タバコはふだん吸っていると「小さな火」と思いがちですが、先端の赤い部分は通常400メートル遠方から見え、口にくわえて煙を吸い炎が明るくなった状態では、1000メートル離れたところからでも視認できます。このため、喫煙は作戦中は禁止されるか、どうしても吸いたい場合は、手作りの火の見えないパイプのようなものを使って吸わなければなりませんでした。

ところが、新しく市街地訓練場を作り、市街地における戦闘を想定して訓練をしてみると、今まで経験したことのない発見がありました。例えば、建物の中に入ると、停電状態であれば、昼間でも暗く索敵や識別射撃がしにくいことがわかりました。夜間とまでは言いませんが、相当見えにくい状態なのです。ビルの中での行動には、昼間でも懐中電灯が必要となります。ただ、建物内で索敵するため懐中電灯を手に持つと、小銃をうまく使いこなすことが難しくなります。さらに、リロード（弾倉交換）がしにくくなることもわかりました。

米ハリウッドのアクション映画や戦争映画を見ると、１９８０年代から、劇中の兵士たちの自動小銃にはマウントがあって、直接、ライトやダットサイト（照準器）を付けています。それが部隊の標準装備のようでした。

一方、当時の自衛隊の銃には何も付いていないどころか、マウントさえありませんでした。いえ、現在でも、何も付いていていません。自衛隊は夜間や建物内の暗部で戦闘をすることを想定していないとしか言えません。こんな状態で戦いをして勝てるのだろうかという疑問が当然出てきます。

戦争ものの映画を、我々はプロの目で見るのですが、いつもため息が出ます。彼らの自動小銃には引き金近くにスイッチがあり、ライトが自由にＯＮ／ＯＦＦできるようになっているのです。スコープを覗くと「赤い点」があり、これに目標を合わすだけで弾が当たるようになっているダットサイトも全員装備しています。そうした付属装備は、現代戦では必須のアイテムと言っていいでしょう。それが自衛隊の部隊にはないのです。

さらに、真っ暗闇の中での戦闘技術、ローライトコンディションＣＱＢの存在を知りました。

ローライトコンディションCQBでのフォーリンプレートの射撃。ローライトコンディションCQBでは、高いガンハンドリングのレベルが必要。

（上）ガンビー訓練中の隊員（詳しくは第4章にて）。
（下）建物内では、ライトと連動させる射撃技術が必要。

ローライトコンディションCQB

強力な光を照射し暗闇で戦闘する「ローライトコンディションCQB」は、ピンポイントに強力な光を照射できる光源を使用します。敵の暗視装置がハレーションを起こすほど強烈な光です。光を照射された敵が視界を失い、光以外見えない状態になるのを利用し、暗闇の中を迅速に動き、敵を倒す戦闘技術です。敵の隠れていそうな場所に「ピッ」と一瞬、強力な光を当て、室内の状況確認や索敵すると同時に射撃まで行います。

ローライトコンディションCQBは一人でもできますが、光を照射する隊員と射撃をする隊員、暗闇を迅速に移動して敵を倒す隊員やバックアップする隊員というようにチームを組むと、さらに強力な戦闘ができます。

ローライトコンディションCQBを知っているか否か、また、それを使えるか使えないかで、部隊の戦闘力に大きな差が出ます。射撃動作に何よりも大切な「視力」を奪うのですから当然でしょう。ローライトコンディションCQBは、頭で理解していたとしても、実際訓練場で経験すると、その威力の凄まじさに戦慄します。

実際、これを体験してみて、私は、世界にはこの種のCQBを使いこなす部隊が数多く存在することを学びました。「何も知らなかった」陸上自衛隊とは、雲泥の差です。

世界標準に近づくには、その世界を知っているイチローさんから多くのことを習得することが近道だと私は直観し、決意しました。イチローさんから、そのすべてを吸収しなければならない、と。

ローライトコンディションCQBは、暗闇の状態で銃を自在にコントロールしながら戦うため、正確な射撃技術に加えて、高度な連携・感知能力が必要となります。それは、暗闇の中であっても銃口を味方に向けず、身体の微妙な接触の度合いで隊員同士がバディ（二人一組の相方）の動きを感じ合えるレベルと言ってもいいでしょう。このため、従来のレベル以上のガンハンドリング技術が必要となり、40連隊ではS（トップクラスのレベル）、A（教官・助教レベル）、B（使いこなせるレベル）、C（初級レベル）の4つの戦闘技術のレベルに区分しているうちの、Aクラス以上の隊員のみが訓練へ参加できることにしました。

すると、隊員たちはローライトコンディションCQBの訓練に参加し、それを身に付けたいために必死にAクラスを目指しました。隊員たちのやる気、そしてSクラスの隊員が責任を持ってほかの隊員に技術を伝授し、練度を上げるための訓練を繰り返した結果、全体の戦闘レベルの大幅な底上げができました。

そうして、ほかの部隊が取り組んでいなかったローライトコンディションCQBは、急速に40連隊の隊員への普及が進み、我が部隊の得意な戦闘技術になっていきました。

この話には後日談があって、40連隊の隊員たちはその後、ローライトコンディションCQBを野外における戦闘へ応用した戦い方を生み出しました。これはまさに無敵の戦術となって、陸上自衛隊富士トレーニングセンター（FTC）の「夜間主陣地の戦闘」では、最強と言われた対抗部隊をパニックに陥らせる「戦果」を獲得することになるのでした。

どんなに厳しい訓練であっても、隊員たち自身がクリアする目標を設定すれば、彼らは指揮官が細々とした指示を出さなくても、むしろ自動的に過酷なトレーニングに身を置くようになります。また、それが組織全体に広がっていくのです。すると、彼らは予想以上に戦闘（つまり「戦い方」）のステージを上げていきます。そうした好循環の事例を、その時私は目の当たりにしたのでした。

銃のトレンド、常識

イチローさんがある時、こんなことを言い始めました。

「連隊長、銃が10万円するならば、銃の付属品に100万円かけるのがトレンドです。自衛隊の銃には何も付いていないので、戦う前から不利な状態です」

もうそのころには、イチローさんが言うことは、私もすぐ理解ができるようになっていました。それにしても、銃の費用の10倍を「付属品」にかけるというのは、どういうことなのでしょうか。

イチローさんが言ったのはこういうことです。銃には夜間暗視装置「ナイトビジョン」や素早い照準を可能にする「ダットサイト」を搭載するため、マウントとなるレールを取り付けます。レールを利用して、ライトを付けたり、グリップを付け、そのほか戦闘に必要な各種機材をあれやこれや取り付けると、機材の価格が、銃の価格の10倍になるのです。

そんな、ないものねだりをしてはいけない、訓練を積めば当たるのだ、と言う方もいるかもしれません。しかし、現代戦の戦場では「根性」とか「精神論」は通用しません。大事なのは銃の機能強化です。世界の戦場のトレンドに乗って強化ができれば、真っ暗闇でも敵を確実に捕捉することが可能となり、正確・迅速な射撃が可能になります。そこを出発点としてトレーニングを積んでいくのです。世界標準の装備があるかどうかで勝負が決まってしまう、と言ってもいい。

わずか1秒で、レベルの高い射手は4発射撃ができます。世界最高標準の装備を敵が持っていたら、一瞬にして味方4名を失います。戦闘に関する技術は常に進化しています。それに目を向けていくことが必要となります。

イチローさんは、熱く語りました。

「実際に損害を受けるのは、最前線で戦う隊員たちです。軍組織の幹部は、彼らが生き残り、任務を達成するため、可能な限り、いや、全力で世界標準の最新装備を装着できる環境を作り上げ、有利な状態で戦えるようにしなければなりません。連隊長、頑張る隊員たちのため環境を作ってください」

その通りだと感じました。隊員が戦うためには、幹部が、そして組織が変わらなくてはと思いました。

（上）ギリースーツを装着したスナイパーチーム。
（下）イチローさんと畠山富士男氏によるスコープに関する講義。

（上）ギリースーツを作成する隊員。
（下）ストーキング実技訓練。

完成したギリースーツ。
周辺に同化する偽装。

89式小銃にスコープを装着したスナイパーとペアを組む隊員。

長谷川朋之氏との後日対談

戦闘技術「CQB」

二見　当時の40連隊との訓練について、お話をして頂きたいと思います。イチローさんとトモさんがおいでになって最初に私が驚いたのは、ここまで戦闘技術が進化していたのかということでした。例えば当時は、左撃ちというものがあるということ自体知らないような状態だったわけです。また、ダットサイト（銃に取り付ける光学照準器）を使うと短時間で狙いを定めることができること、これが世界では常識になっているにも関わらず、自分たちは見て見ぬふりをしていました。ダットサイトの存在は知っていて、実際に試してみるとものすごい効果があることもわかっていました。それでも、「俺たちはそういう世界じゃなく、違う世界でやっているからいいんだ」という考え方が支配していたんですね。「今の訓練でおかしいところはないし、問題はない」と平気な顔で言い切ってしまうことに、実は私もとても違和感を持っていましたが。

そこに最新の技術を持ってきて、実際に見せて頂いた。それを見て隊員は「これは違う世界の話だよ」と言わずに「やってみたい」と思ったわけです。これは、幹部の目と隊員の目で違うところだとは思います。幹部はどうしても、外部から情報やミリタリーの専門家を受け入れることは、組織上やってはいけないことだと考えてしまいがちです。けれども現場の陸曹陸士は、一瞬の判断の誤りによって倒されてしまう可能性があります。その上で、何が必要で何が必要でないのかということを本気で考え、明確に理解した結果、やってみたいと。銃口管理についてもガンハンドリングについても、習得するまでは癖になるまで銃を持って1日中行動しなければいけません。それをやりたい、やれるようになりたいと思って続けたわけです。

長谷川　ただ、これは日本だけではなく海外でも同じですが、40連隊の隊員さんも含め、最初にあるのは常に拒否反応だと思います。しかし、欧米と日本ではその度合いが違う気がしますね。欧米には合理的に物事をまとめられる方がいます。その合理的という考えをかみくだいていくと、今足りないものと現場で必要とされるもののバランスを理解できるということだと思うんですが、日本の場合、そこにどうしても感情が入ってしまって、感情が邪魔をして必要なものが不透明になってしまう。これがすごく話を面倒にしている原因だと感じます。また、現場の隊員さんと幹部の方々との話し合いにおいて、上から下に話は流れても、下から上に話を吸い上げる力がないと、これも合理性が妨げられてしまう原因になると思います。

現場で必要と思われること、そして現場で起こり得るかもしれない危機的状況を想像できて、その時にこれがあればもっと戦力が上げられるということがわかると、進むべき道が見えてきます。やはり、実戦を想定することができるかできないかが分かれ道になるような気がします。

例えば野戦、そしてＣＱＢについて考えた場合、ＣＱＢの延長線上に野戦があると思います。なぜなら、形が区切られているＣＱＢの世界の中に、だんだん自由曲線が入り、不規則な線が入ってきて野戦になっていくからです。そのため、ＣＱＢでできないものを野戦でいきなりやれと言われても、これはなかなか難しいです。遮蔽物を使って戦う技術も含め、そこでどんな武器があればより有効に戦えるかということを理解することが重要です。練習をしていると、自然にその部分はうまくなります。必要な道具がわかるぐらいまで実力が上がって、初めて見えてくる部分もあります。

現場の方は非常に鼻が利きます。感性で「これはなきゃいけない」と思うんですよね。その意見を上の方が活かして、部隊を増強していくということにつなげられれば理想的だと思います。

二見　それまでは89式小銃に何も付けていない状態で戦いをするという訓練をしてきたんですが、ＣＱＢの訓練を通じて、ダットサイトだけでなく、室内で戦闘を行う場合はライトが必要ということもわかってきました。さまざまなものがあって戦いが成り立っているとすると、必要なものがないとどんなに訓練をしても勝てない部分が出てくる。ですから、隊員には最高で最新の装備を渡して訓練の場を作っていくべきだと思うんですが、なかなか取り入れてもらえなかったというのが２００３年当時だったと思います。現在はそれも改善して、あれは一体何だったんだ？という状態なんですけどね。

長谷川　何だったんだ、って面白いですね（笑）。実は米軍もダットサイトが導入されるまで30年近くの時間がかかったと思います。射撃競技の世界でダットサイトが活躍し始めるのが１９８７〜１９９０年ぐらいなんですが、それから米軍が採用するまでは10年は確実にかかりました。というのも、当時は電池の寿命が短過ぎたり、強度や耐久性に問題があったりしたので、ミリタリーで使えるものになるまで時間がかかったのだと思います。

当時、射撃競技で活躍していた人たちが、ミリタリーや警察の中で教官として教え始めていて、そこからこの道具が必要というのを発見できました。ライトなんて、過去は絶対に戦場では使ってはいけないものだったんです。とくに夜戦ではそうだったんですが、状況によっては有効であるということがわかってきたのも、想定の中からニーズを満たせる人たちがいたからこそだと思っています。

例えば、「SUREFIRE」という防犯・ミリタリー用フラッシュライトは、不審船の中を安全に捜索する必要性から生まれたものです。それまで、不審船内には大きなサーチライトを持って入っていましたが、当然ながらそんな大きな光は狙い撃ちされます。しかし、見えない限りはこちらも戦えないわけです。安全を確保するためには、やはり先にこちらが敵を発見し攻撃を仕掛ける必要がありました。そのために、サーチライトより小型で動かしやすく、点けてすぐ消せる機能が必要だったので、ある会社の社長に相談してできたのが「SUREFIRE」でした。もともと「SUREFIRE」は、LASER PRODUCTS社というレーザーの照準器を作っていた会社の懐中電灯としてのラインナップだったのですが、ミリタリーにおけるニーズを見いだされ、実際に採用されたということが重要だと思います。

二見　先ほどCQBの技術が野戦においても基本になるというお話をされましたが、当時（2000年代初頭）は、市街地戦闘（住宅などの建物の地域で行う戦闘）と高強度紛争（大砲や遠地火力を使ったり、戦車が出てきたりする戦い）のどちらを目標にするかで、陸自内では議論になっていました。当時、市街地戦は簡単だと言う方も大勢いて、そんなやさしい戦いではなく、組織力を発揮する航空火力、戦車の火力、対戦車火力、迫撃砲、小銃、機関銃などを組み合わせた難しい戦い方を訓練しなかったら実力が落ちてしまうではないか、という二者択一になっていたんですね。

その時私は、上級部隊の方にこう説明したのを覚えています。「CQBというのは、自動車教習所で言えばS字やクランクを走る訓練です」。つまり、小さいところの細かい技術を身に付ける部分であるということ。そして、「高強度紛争にも市街地戦闘にも共通している銃口管理、いわゆるガンハンドリングというものが学べます。だから、どちらかを選ぶというのではなくて、どちらにも共通するCQBという基礎をやっているので、その訓練の成果はシームレスなのです。その連続したところに、火力を組み合わせて高強度の複雑な火力戦まで持っていくものだと考えれば、どっちを選択するという議論をする必要もなくて、早くその基礎レベルのところを身に付けてしまえばいい」と。

長谷川　高強度の戦いやシステム兵器による戦闘と並行して、個々の戦闘の強さと必要な装備も進化していかないと、バランスが悪い状態になりますね。例えば、相手のゲリコマ（ゲリラ・コマンドーの略。少数で潜入・破壊活動を行う）が来て、陣地を潰される可能性もありますから、個人の戦力というのも欠かせない要素だと思います。そして、動きが目立たない夜間に行動するという考えから、ナイトビジョン（暗視装置）、サーマルビジョン（熱線暗視装置）、ライト、レーザー、サプレッサー（銃の減音装置）がニーズとして生まれました。今までとはまったく違う角度からものを見た考え方が生まれることによって、必要な要素が増やしていけたのではないかと思います。

二見　もうひとつ、当時の陸上自衛隊に対する私の大きな疑問は、「白兵戦がどうしても銃剣の突き合いになっている」ところでした。最後は陣地に突入して、塹壕戦をやって、その時に生き残っている人が何が何でも銃剣を付けて白兵戦に持っていこうという考えがいまだに残っています。ＣＱＢは塹壕戦の敵の掃討でも使えますし、射撃によってほとんどことを片付けてしまえるため、非常にインパクトがあります。ですから、銃剣格闘は必要なのかというのも議論の余地があるところです。銃剣格闘や銃剣道は、これまで陸上自衛隊が健全に成り立つためには非常に大切なものだったので、それをなくすのはどうなのかというところまで波及していきました。CQBについての議論は、思った以上に大きなところまで踏み込んだものでもあったわけです。

長谷川　なるほど。銃剣格闘が必要か否かというと、マインドを鍛えるにはすごくいいものだと思いますし、やめる必要はないと思いました。ただし、それで鍛えられたマインドがあるからといって戦地でも強いかというと、それとはまた別の話ですね。

第4章

ガンビー（Gumby）訓練に隊員痺れる

究極の状況で対応能力を鍛える

アメリカにいるイチローさんから、次の訓練の準備について連絡が入りました。「今回の訓練内容は、隊員には教えないで準備を進めてほしい」と言うのです。訓練名を「ガンビー訓練」と言いました。ガンビーとは「間抜け者」の意味がありますが、今回の訓練では「臆病者で、分隊の戦闘の足を引っ張るどうしようもない隊員」をガンビーと言い、訓練内容は来日後に話すとのことでした。

小倉に到着後、会食も早々に切り上げ、イチローさんは隊員に指示して体育館を間仕切りで迷路のような通路と多くの部屋を作り始めました。体育館全面を使用します。そして10人以上のキャストを指名し、何回もキャスト全員でリハーサルを繰り返します。キャストの動作がイメージ通りになるまで30分かかりました。この訓練で練成できるのは、分隊長たった一人です。

訓練の内容は、こうです。5名の分隊で体育館内のエリアを掃討するのが分隊長に与えられた「任務」です。その間、ガンビー役の臆病者の隊員は、「今日は何だか嫌な感じがする」「やめた方がいいんじゃないか」とず〜っと泣きつきながら、分隊長をイライラさせる行動をし

コンバットメディック。止血処置、衛生隊員の手際の良さと連携、迅速な後送が必要不可欠。

ます。

ガンビーが「怖い」と叫びながらも、分隊が次々に部屋を確認して進んでいくと、体育館のステージ前部の部屋で、「状況」が発生します。突然通路の奥から敵の一斉射撃を受け、分隊全員が射撃で応戦しようとします。ところが、ガンビーが分隊長にしがみつきながら「逃げましょう」とわめき続け、戦闘行動と指揮を邪魔し続けます。同時に敵の射撃により分隊員が負傷し呻き始めます。

さらに敵と戦闘している最中に、突然ホステージ（人質）が部屋から出て来て助けを求めるのですが、分隊員の一人が敵と間違えて射撃してしまい負傷させてしまいます。人質はもがき苦しみ始めます。おろおろしていると敵の射撃が厳しくなり、ガンビーや負傷隊員、負傷した人質が助けを求めます。通信も通じません。孤立状態です…。

目の前に、突然多くの対処しなければならない状況が降りかかった分隊長は、この難局をいかに乗り切るか。

頭が真っ白になると顔色も白くなる

敵との距離が近く、時間的に切迫している状況が一度に多数のしかかってくると、分隊長の頭の中の処理能力が限界値を超えてしまい「頭が真っ白」の状態に陥ります。頭が真っ白になると、正常に思考ができないばかりか、言葉も行動も凍りつき、身体中からどっと汗が噴き出します。多数の危険が迫っている最悪の状況なのに、時間が止まったように一歩も動けず、極めて危険な状態に陥ります。

1000メートル離れた場所で敵を発見した場合、あるいは1時間後に処置をすればいい場合は、距離が離れており、対応に必要な時間的余裕があるため、脳は正常に情報処理が可能で、冷静に対応できます。

しかし、距離が10メートル、対応時間3秒の間合いで多くの状況が発生すると、極めて短時間に迅速に対応しなければならない項目が多く、脳をフル回転させますが、処理能力を超えてしまう状態になるのです。

さらに言えば、自分自身に危険な状態が迫っていると、身体まで動かなくなってしまいます。東日本大震災で津波が間近に迫っているとわかっているのに、ゆっくり歩いて避難している人がかなりいたとされるのは、この状態にあったからだと言われています。ですから、危機一髪の状況で生きのびた人はみんなこう口をそろえます。

「走ろうとしても、身体が思うように動かなかった」

ガンビー訓練を体験して頭が真っ白になった分隊長役の隊員は、柱に寄りかかりながら座り込み、目を大きく開いているが目に力がなく下を向き、脱力した状態になっています。顔色は白くかなりの衝撃を受けたことがわかります。ふだん自信を持っている隊員ほど、頭が真っ白になってしまい何もできなくなってしまった自分に対する口惜しさと力のなさ、弱さ、恥ずかしさを感じているからです。

そんな隊員を見て、イチローさんは、自分が想定した訓練の目的を達成したという満足感を得ているようでした。そして、いつも自信ありげにしていた男たちの落胆ぶりを見て大笑いするのでした。

「ワーハッハッハッ、まだカタチだけの強さだな。本当の厳しい戦闘状態になると手も足も言葉も出なくなってしまうなー」

そうして、イチローさんはＡＡＲ（アフター・アクション・レビュー＝振り返っての検討）を始めます。

危険なものから処理をする

そこで初めて、イチローさんは、その日の訓練の目的について説明をし、隊員たちに問いかけます。

「今日の訓練は、あえて頭が真っ白になる状況を作り出し、その時にどう対処するかを訓練しました。さて、皆さん、頭が真っ白になるとはどういう状況ですか?」

「自分はパニックというか…正常な思考ができなくなりました。それから隊員はバラバラに意味不明の行動をし出しました。間違いなく全滅になると思います」

まだ顔色の白い隊員が答えます。ちなみに彼は、Aクラスの隊員です。

イチローさんはにやにやしています。

「どうすればいいか知らないと、皆やられてしまう。それがわかったようなので、頭が真っ白になった時の回復方法をこれから話しましょう」

そんな台詞に隊員たちがぐっと身を乗り出すのがわかりました。

「短時間で処理しなければならない状況が目の前にいくつも同時に現れると、頭が真っ白になる。それは、脳の情報処理能力を超えた情報が入ってきてしまったからです。ですから、真っ白の状態を改善する方法は…皆さん、これから話すのでよく覚えてください」

隊員たちはものすごい集中力で、イチローさんの話に耳を傾けています。

「…実は簡単なことです。例えば同時に6つの状況が現れて頭が真っ白になってしまったら、ひとつひとつ処理をしていくことです。状況が5つ、4つと減少し、脳の情報処理能力を超えないところまで戻ってくると、頭は元に戻り正常に動き始め、真っ白な状態から脱出できます」

さらに続けます。

「対処していく順番は、もっとも危険なものからです。今回は、まず、分隊長にしがみついてビビっている隊員に、檄を飛ばし襟首をつかんで射撃支援の態勢を取らせる。なかなか難しいでしょうが、パニックの分隊員が通常に近い行動を取れるようになると、部隊の戦闘能力が戻ります。これが有効です。どのようにするかは次の訓練でいろいろ試してもらいたい」

隊員たちが手を上げ質問します。

「負傷した隊員をどうしますか？」

「撃ってしまった人質の処置はどうでしょうか？」

イチローさんは、こう問いかけます。

「もっとも危険なものは何だと思いますか？」

「射撃をしてくる敵です」

「その通り！　まず射撃してくる敵への対応をしっかり取る必要があります。それから負傷した隊員に止血処置を命じます。そのためには、ガンビーを戦闘員として戦える状態にしなければならないのです。人質には、すぐに助けに行くので隠れているように大声で伝えればいいでしょう。とにかく、ひとつずつ、です。ひとつずつ状況を処理していけば、次の行動を考えることができるようになります。状況が良くなれば、応援を呼びに行くこともできます」

そして、「さぁー、もう一度やってみよう。スターンバイ…」と大声がかかると、隊員たちはすぐ訓練開始の態勢を取りました。

2時間後——。隊員たちは、ガンビー訓練をうまくクリアできるようになりました。するとイチローさんはワーハッハッ、と大声で笑ってみせました。

「できるじゃないか、小倉軍の隊員たちは！」

従来の自衛隊の訓練では、ある時間が経てば「想定」は終了し、それなりの「戦果」が得られるようにシナリオができていたと言っても過言ではありません。「想定外のことが起きる」「分隊長の頭が真っ白になる」ようなことは、訓練中には「起きなかった」し、訓練をしてきませんでした。しかし、イチローさんと、実戦的な訓練を積み重ねていくうちに、戦闘とはむしろ、「想定外の出来事の連続」であることが、容易に想像できるようになったのです。ですから、私たちは、想定外を基準に置き、考えられないことが生起するのが「当たり前」と考えるようになったのです。

いかなる状況においても、粘り強く戦い続けることを追求する訓練の積み重ねが、部隊の強さの核心なのかもしれません。

敵の出そうな場所を
ロックしながら、連携
して前進する隊員。

コンビニをイメージ
したマウトでの訓練。

実戦の状態に近づけば近づくほど難しさを実感するコンバットメディック。

-5 (CK96J)
2発

column-❸

長谷川朋之氏との後日対談

シナリオ的な訓練からリアリティを求める訓練へ

二見　訓練を行うにあたって、大きな部隊（連隊クラス、1000人程度）の検閲というのが2年に1回、部隊をしっかりと部隊長が鍛えているかを師団長が確認する試験があります。私は連隊長の前は、南九州を担任する第8師団の作戦と教育訓練を担当する部長だったので、試験となる検閲計画を作成していました。師団長からは、検閲を受ける部隊が思いっきり戦える環境を作ること、指揮官が状況判断する場面を作ってほしいと要望されます。ですが、人工的にシナリオを作り、わざわざ無理に決断をしなくてはいけない状況を作るのは、神の力を働かせない限り難しいものです。これはその後、師団長も止められました。

例えば演習では、隊員は死亡という判定を受けても4時間で復活します。ですから戦力が減らないでいつまでも戦っているので、結果的にどこまで押されたかというのは統裁部という作戦と検閲をコントロールするところが決めて、そこで状況判断の場を作っていたため、かなり無理がありました。そこで、5日間寝ないで6日間やるという訓練であっても、最初の3時間でやられてしまったら、もうその後その隊員は使えない、また、軽傷者の場合は後送して手当を受けて、部隊に復帰できるまで半日間かかるというルールを作りました。そして実際に戦力が損耗してしまうと、判断事項がものすごく出てくるわけです。

それは小隊長がやられてしまうと、それでは火力要求は誰がやるのか、というところから始まります。指揮の階梯（次に小隊長を誰が行うのか順番を決めておくこと）と言うんですが、指揮官がどんどんやられていくと部隊が機能不全になってしまいます。機能不全になっている部隊があって、その部隊に対する再編成の指示やほかの部隊へ編入するかは、中隊以下であれば、中隊長の判断事項となります。中隊長がやられてしまった場合は、隊員は副中隊長に任せて中隊として運用するのか、はたまた他の中隊に人員を配属するか、連隊として運用するのかという、自然に状況判断の必要事項が多く出てきます。

長谷川　リアリティのある検証がやっとできるようになったということですよね。

二見　そうですね。ちょうど私の前の役職が作戦運用をやる師団の第3部長で、その部分を重点的にやっていたので入りやすかったです。また、九州の部隊がその動きになり始めていたので、やっぱり流れができていたというところも大きかったと思います。

長谷川　そのリアリティに気がつき実行されたのは、僕らがお世話になったタイミングとはまた別の時からなのでしょうか?

二見　気づいたのは、もう入隊した時からですね。それはないんじゃないかと思っていたんです。小隊長として偵察部隊を指揮していた時、偵察なので私は当然隠れながら行くと思っていたのですが、「道路沿いをバンバン歩かせていかなければいけない。じゃないと中隊長に怒られます」と小隊陸曹に言われたんです。「どうして?」と聞いたら、「死んでも2時間で復活ですから」と言い、バンバン撃って、道路上で地雷に接触し、「撃たれたらそこに敵がいることがわかるから、それでいい」と。陸曹は実戦では一体どうなるかと思いました。訓練では戦死者は2時間で復活するので、戦死者と負傷者の痛ましさというものの感覚がなかったんですね。

長谷川　二見さんが最初からそこに疑問を持って接していたこと、陸上自衛隊がそのような戦闘訓練になってしまっていたことも興味深い話です。リアリティからの乖離というのは、設定自体の問題なんですよね。復活できるというのはテレビゲームと同じ設定で、努力をしない人間が増えてしまうことにつながります。思考停止と言いますか、休みがちな脳を作ってしまった結果なのでしょうか。

二見　でもその枠組みの中でやらないと、隊員たちは怒られるわけです。やられてもいいから早く情報を取ってきて報告ができなければ、何をやっているんだと上司から怒られる。「実戦を考えたらこういうことはできない」と言ったら、「それはいいからとにかくやってこい」とまた怒られる。すごいところだなと思ったんですが、その後、戦闘で戦死をしたらもう生き返れませんというルールで訓練をやり始めたら、いい意味でもう少しルールをよく考えてほしいという者が出てきました。戦闘競技会では、死亡した場合、白い帽子を鉄帽の上に被せて死亡と明確に表示することになっていたんですが、死亡の数が何人というのがわかると、分隊の損耗がわかってしまうので、攻め込まれたりします。だから目立たない表示にしてくれという意見が出てきたんです。戦闘で一番わからないのは敵の損耗なんですね。こちらの損耗はわかるんですけども、敵がどのくらい損耗しているかわからないので、負けたような気持ちになりがちなんです。一旦枠組みが変わって本気モードで隊員が考えていくと、実戦的な訓練がどんどん進むようになりました。

長谷川　当時、二見さんがイチローさんと出会った時、考え方をガラッと変えたじゃないですか。スピードじゃなくて安全をメインにして行動させていいんだと。あの辺の話をもう一度して頂けると面白いかなと思います。「死ぬよりいいじゃないですか」というイチローさんの言葉にすごく敏感に反応されて、「スピードばかりを重視していました」というお考えを説明なさってました。

二見　連隊長をやる前の3部長の時ですが、師団長からのお話でまず変わったんです。死亡した隊員が4時間後に復帰するルールではなく、戦死は生き返らないというルールを導入された師団長の時でした。

「3部長、俺にいいところを見せなくていい。実戦というのは地味で同じことを繰り返していることで、目立たないものだ。派手な動きや勇猛さは、戦いとはほど遠い偽物である。あれは実戦ではなくて劇だ。自分には地味でいいから実戦のところを見せてほしい」と言われたんですね。私は、

「師団長、それはすごく動きがなく時間のかかる動作や行動を見て頂くことになりますが、その方向で訓練視察を設定していいのですか？」と聞いたら、

「それが実戦なんだ。地味な行動を見せてほしい」と言われました。

あのころは、九州の部隊が本当に変わっていった時期でした。それと同じ話をイチローさんからも言われたので、それはもう大喜びでしたね。

長谷川　当時、40連隊がテレビに出たのを見て、イチローさんが「ここに行きたい、わしをここに行かせろ」と言ったわけですけれど、今思えば二見さんがいらっしゃる時で本当によかったなと思います。

同時に思うのは、これは今接している方々も同じなんですが、公務員の方は訓練を行い、1個1個の技の吸収と定着度は一般の方よりも体力がある分早いのに、シチュエーション訓練の中に入ると技が出てこないんです。応用力がないのは一体どこに原因があるのか、

思い当たることはありますか？

二見　これは訓練全般で共通することなんですが、たぶんパターンを覚えようとしているだけなんですよね。３パターン覚えたら、この場合は３パターンのうちのこのパターンを使おうと単純化してしまい、そのまま流したような訓練をしてしまうんです。おかしいと思った段階で訓練を止めて、今の状況では何を決断し、どのように行動しなければならなかったかを考えなくてはいけないのに。

頭を回さなければならない時に、頭の回転ができていないのです。そして、どうしても前の訓練の形に引きずられてしまい、従来通りのパターンで同じことを繰り返してしまうところが、当時の隊員にもありました。なので、遅くてもいい、地味でもいい、時間がかかってもいいので、状況を把握して次にどのように修正をかけて戦っていくかを隊員には考えてもらいたかったんです。「どうしてですか？」と隊員に聞かれることがよくありました。聞かれたら、「それをやらないと君たちがやられるからだよ」と答えていました。

長谷川　本当ですよね。部屋の形、入り口の数や状況が違うのに、まったく同じ動き方をしてしまって簡単にみんな撃たれてしまうことが多かったので、とにかく見ろと。見て観察をしろというのが最初でした。でもなかなか個々の技を示した時に応用できないことが多くて、いつも同じように撃たれ、同じように死んでしまうということから脱却するのにすごく時間がかかりました。それもあって、本文では陸士の話が出てくるんですね（本編

45ページ)。二見さんは「身体に覚えさせている」という表現をされていましたが。

二見 陸士は本当にまだ形がないんですね。自由なんです。そこに高い技術を身に付けていくので、陸曹を超えてしまうほど強いメンバーが結構いたわけです。これがまたいい刺激になって。ローライトコンディションCQBはCQBの最高峰だと位置づけていましたから、こんなことではいけないと、ここだけは陸士ではなく陸曹がほとんど主力になってスペシャルのSクラス(最高クラス)になりたいと言っていましたね。

長谷川 ただ厳しく指導するだけじゃなくて、負けたくないという気持ちは純粋なプライドですから、面白いです。

このコラムの内容は、40連隊シリーズ第3弾「敵をせん滅する戦法の開発編(仮)」で詳しく紹介する予定。

第5章

実戦的な訓練の追求とサバゲーチームとの真剣勝負

電動モデルガンを使用した戦闘訓練の重要性

電動モデルガンには、M16自動小銃、M4カービン銃をはじめ、いろいろなバリエーションの銃があります。中でも、自衛隊の使用している89式小銃を模した電動モデルガンは、重さや重心も本物に近くできていて、かなりの優れものです。

ここで、89式の電動モデルガン誕生のエピソードを紹介します。

当時、M4などの電動モデルガンを使用して突入訓練をしていると、戸口に銃身がぶつかって、プラスチック製だった銃身が衝撃によりボキッとよく折れるため、多くの人たちから改善の要望がありました。そこで「東京マルイ」（モデルガンメーカー）の開発アドバイザーをしていたイチローさんは、東京マルイの専務に89式で銃身の折れない金属製の銃身を使った電動モデルガンを作ることを提案し、承認されたのです。これを機にパワーを上げた89式電動モデルガンが開発され、自衛隊に導入されたいきさつがあります。

この電動モデルガンは弾道調整をきちんとすると、かなりの距離をまっすぐ正確な弾道で飛びます。さらに、正式な訓練用電動モデルガンもあって、そちらは市販のものより少し強めに弾が出るように設計されています。射距離が出る分、訓練規律を守らないと怪我をします。

小倉の連隊では、市販の電動モデルガンも含め、全隊員が装填前の安全確認、銃口管理、戦闘訓練中に味方を撃たない銃のさばき方などを磨きました。

陸上自衛隊には、射撃した弾が有効であったかどうか判定する「バトラー」という訓練システムがあります。空砲射撃と連動しているため、発射音と「損害（状況）」を付与できる訓練器材です。

訓練参加者の銃の先に、撃発とともにビームが出る装置を装着します。また、全員の身体と鉄帽には、ビームが命中すると反応して光や音が出る「ディテクター」を装着します。バトラーは戦車や装甲車、対戦車誘導弾にも装着できるため、戦車や対機甲火力を使用する戦闘の評価にも優れた訓練器材と言えます。

一方、電動モデルガンは、バトラーでは判定が難しい、建物内や近距離での実戦的な戦闘状況を出現させ、細かな命中部位の判定までできる訓練器材です。

バトラーが導入される前までは、近距離でどのような状態で弾が飛び交い、戦果はどうか、逆に被害はどうかということがわからないため、審判は戦闘している敵味方の人数を数え、「人数の多い方が勝ち」と判定している状態でした。

もっと言えば、近距離での戦闘訓練の勝敗は、直接部隊がぶつかる前に戦闘を止めて、その場に集まった人数をカウントして判定するため、指揮官は無理やり隊員を集合させて勝利を狙うということを平気でやっていました。今考えれば、マンガのようだと思えるのですが、私が若いころは、必死になって、そうした戦闘訓練という名の「ひとつの場所へ素早く皆で集合する訓練」に精を出していたわけです。

バトラーが導入されて、訓練は根本から変わりました。

さらに、近接戦闘訓練において、電動モデルガンはBB弾を発射し、その弾道を確認できるので、命中したかどうか、どこを射撃されているか明確にわかります。市街地の建物の周りや建物内での訓練にとても有効な器材です。

人を「標的」として考えたとき、正面を向いているのと横を向いているのとでは、「的」の形は変わります。電動モデルガンは、動いている的や、自分が動きながらの射撃の弾足も確認できますから、適当な、形だけの射撃動作や狙い方ではまったく当たりません。実戦と同じ状態で行動しなければ当たらないことを、隊員たちはこの電動モデルガンを手にして実感するようになりました。

（上）戦車の車体を利用した建物内への突入。戦車を盾にLAV（軽装甲機動車）で接近。
（下）戦車との協同による建物の制圧訓練。

ヘリからの狙撃。

LAV（軽装甲機動車）を利用した建物内への突入。

電動モデルガンでできないことは実銃でもできない

当時は、電動モデルガンを触ったことも撃ったこともなく、どのように訓練すればいいのかも知らない人間は「電動モデルガンはおもちゃだ。お遊びをやっている」と言っている時代でした。部隊の陸曹は電動モデルガンを使用した訓練の必要性を理解し、やりたがりましたが、やらせないのは幹部でした。このような実情に、イチローさんは大きな憤りを感じていました。

電動モデルガンは、射撃の基礎となる引き金の引き方や狙いの付け方、撃つタイミングを何百回でも弾道を確認しながら練習ができます。自分の射撃した弾がどこに当たっているのか、敵の弾は自分のどこに当たったかもわかります。また、ガンハンドリングができないレベルの隊員には、銃口から弾が実際に飛び出すので、銃口管理の基礎訓練にも使用できます。

それは、隊員のレベルを峻別させます。ガンハンドリングのレベルが低過ぎる隊員は、相撃ちの恐れがあるので、行動をともにすることができないことが判明するのです。低レベルの隊員には、ともに行動できる段階まで、何度でも訓練を繰り返させます。

シンプルな事実を、私たちは共有しました。それは、電動モデルガンを使用した訓練でできないことは、実銃を使った実戦でも絶対にできないということです。

当時、富士学校普通科部が40連隊に来て電動モデルガンの有用性を確認したことは、のちに大きな発展につながりました。

九州チャンピオンのサバゲーチーム

たぶん、ほかの駐屯地・部隊では「ありえない」ことなのでしょうが、小倉では、サバイバルゲーム（サバゲー）のプレーヤーたちとの「対決」を実施しました。事前に中央に報告したら、目をむいて叱責され、中止となったでしょう。ですが、私は、彼らと手を合わせることが有益だと判断しました。しかも、彼らは九州で3本の指に入る強豪です。相当能力は高い。やる価値はあります。そこで「土日の厚生活動」という名目にしました。さまざまな方面の尽力があって、ようやく実現にこぎつけました。

当日――。

サバゲーチームのメンバーは到着するとすぐに、装備の確認、零点規制（照準と弾道を合わせる銃の調整）を始め、ルールの確認を申し入れてきました。そういうことを流れるようにして行う。いきなり戦闘モードというか、やる気満々と見て取りました。

私も彼らの作業をそばで見ていましたが、実銃の取扱い要領とまったく同様の、確実でスマートなガンハンドリングをこなしていました。

「これは、かなり手強いぞ」

私はそう感じました。彼らは、趣味で自ら楽しみながらゲームをしています。でも、だからこそ、厳しくトレーニングしているのでしょう。日本社会に根強くある「遊び＝手ぬるい」という誤解のままだと危険だと思いました。彼らは日々、訓練している。だから、トップクラスの実力なのです。

それから、もうひとつ気づいたのは、装具類などの端末の処理がきちんとされていることでした。服装、装具がすべて統一されている力の入れようなのですが、それは「見た目」のカッコよさだけではなく、端末の処理も完璧にやっていました。端末がだらしなく出ていると、行動に思わぬ支障が出ることがあります。だから、自衛隊でも口酸っぱく「端末処理」を隊員に命じるのです。彼らはそれができていた。強いぞ、と思いました。

「このチーム強そうですね」

イチローさんにそう言うと、

「このチームが九州チャンピオンです。今回の訓練内容を外部に漏らさない口の堅いメンバーを集めました」と返ってきました。

彼らはウォーミングアップを始めました。鉄製の的を使い、ピシーッピシーッといい音を立てています。射撃動作と弾のまとまり具合を見て、「1対1ではBクラスの隊員ではやられてしまうレベル」と感じました。好きで練成している人の情熱と本気度は侮れません。

一方、九州チャンピオンのチームメンバーも、我が隊員たちのガンハンドリングや鉄的への射撃動作を見ていました。彼らはとくに驚くこともなく、サングラスの下でにやっと笑っているのがわかりました。強い相手とやれる喜びがひとつ。そして、実力は互角か自分たちの方が上と見たようです。

実戦に即したルール

さて、戦いのフィールドは、ベニヤ板で10ヵ所ほど隠れることができる遮蔽物を作った訓練スペース。ここが「戦場」となります。そして、お互い両端から攻めて戦うのが「フォース・オン・フォース」です。

開始する前にイチローさんからルールの提案がありました。「軍はセミオートで戦うため、隊員は弾倉に入れる弾を実銃と同じ30発に制限し、テロリストはフルオートを使うので、サバゲームは弾数に制限を設けない」という内容です。

連続射撃で弾切れとなったらやられることが多いため、リロード（弾倉交換）の訓練と弾切れをさせない技術が非常に重要となります。自衛隊は常にこれを追求することを訓練の条件としました。つまり、正確で迅速なリロードができないとやられる、実戦と同じ状況に近づけようということです。可能な限り、リアルに近い戦いの環境が作られていきます。

撃ったら動き、敵を探す姿勢の良さ

休日を使った、40連隊の隊員と九州チャンピオンのサバゲーチームとのサバゲー対決は、こうして楽しさの中にも完全に本気モードで互いの強さを確認し合う雰囲気で始まりました。まずは「1対1」の戦闘からのスタートです。

最初、うちからは入隊して1年の1士が出ていきました。若い隊員ですが、それなりの練度があるので「いい線いくかな」と思っていましたが、相手の、うちの訓練では見たことのないような、移動しながら足から滑り込んで素早く態勢を立て直しての射撃により、あっけなくボディにフルオートを食らって、1分以内で勝負がついてしまいました。

驚いたことに、ゲームが終了しても、相手チームのメンバーは、次の対戦相手が出てきて

４名のチームによる廊下の安全化。

九州サバゲーチームの勇姿。

もすぐ対応できるように、警戒動作と射撃姿勢を取ったままでした。陸曹レベルを出さないとかなわないかなと感じました。サバゲーチームは素晴らしいプレーヤーだと、改めて確認しました。

続いて2回戦。今度は、入隊して1年を過ぎたばかりの陸士の中ではトップ10に入る1士が出ていきました。対戦を見ていると、サバゲーチームのメンバーは、遮蔽物をダイナミックに移動しながら、自衛隊の訓練では見たことのない独特の動きをします。この動きに翻弄されてしまい、今回もきれいに撃ち込まれてしまいました。

彼らの特徴は、索敵のうまさと、障害物から障害物への素早い動き、さらに正確な射撃技術です。そして、敵がどこを狙い、弾がどこへ飛んでいくか射線が見えているところです。射線が見えている一般人がいるとは思ってもいませんでした。趣味の世界であっても、好きなことを一生懸命追求していくと、こんなに強くなるものなのかと痛感しました。

例えば、正確な射撃技術は、地味な照準動作と撃発の訓練を何度も反復していなければ身に付きません。前でもお話しした基礎訓練です。派手でもなく、カッコよさもなく、ひたすら同じ姿勢を取ることを繰り返す。ガンハンドリングの基礎トレーニングでは、銃を支える筋肉がパンパンになりながらも、銃のコントロールを隊員たちは「任務」としてやるのですが、彼らは「趣味」でやっているわけです。好きこそものの上手なれ、ということです。同じことを感じ取ったのでしょう。隊員たちは、「休日にサバゲーを楽しむ」という娯楽の気持ちから、「40連隊に戦闘技術の負けはない」というオーラへ、ピシッと切り替わったようでした。

その時、サバゲーチームのメンバーの一人がこう声を上げたのです。

「隊員の方たちから、急に強さのオーラが噴き出してきた感じがします」

彼は本当に嬉しそうでした。

「今日はとことんやりたいです」

一般の方には伝わらないかもしれません。ですが、戦うことに生きる者には、この感覚は瞬時に伝わります。「ピッ」と相手が気を出せば、こちらも「ピッ」。互いに認め合って、震えがくる感じなのです。互いに相手の強さに感動するのです。

次の訓練準備のための休憩時間となりました。彼らの「戦うステージ」が上がり、思わず顔をほころばせていると、イチローさんが来て言いました。

「連隊長、この男のコレクションを見てやってください」

我々は、駐車場へ移動しました。

武器庫のような車のトランク

「この男」と紹介されたメンバーは、「キタチョウ（喜多長）」と呼ばれていました。イチローさんが、キタチョウはこんなにそろえています、と言って車のトランクを開けると、電動モデルガンのM24狙撃銃、M4、AK47、HK、P226等々、さらに北朝鮮の軍服まであって、まるで「武器庫」と「装具保管庫」を合わせたような状態でした。その充実ぶりには驚かされました。

イチローさんは言いました。

「あとでキタチョウには北朝鮮の軍服を着て対抗部隊になってもらいます」

何だか、とても楽しそうです。えっ、キタチョウさんって、北朝鮮のこと？　そんな私の疑問を意に介せず、彼はこう言いました。

「自分たちは、ガンハンドリングと正確な戦闘技術を大切にしているんです。そして、ゲームではなく、実戦に近い状況を想定してやっています」

この言葉で、サバゲーチームの強さを支えるマインドを理解することができました。強いはずだよな。心の中でそうつぶやく自分がいました。

チーム戦の質の違い

1対1の戦いは、全体としては「五分五分」の結果となりました。しかし、サバゲーチームのうち3人は、全勝でした。

「うちもトップクラスをそろえておけばよかったですね」

連隊の訓練計画を担当する3科長はそう言いながら、グローブとゴーグルを付け自らもちゃっかり、サバゲーチームとの対戦に参加して「厚生活動」を楽しんでいます。

次は、「フォース・オン・フォース」の「2対2」「3対3」「4対4」「5対5」に進んでいきます。

戦闘訓練では、一人の敵に対して一人よりも二人、二人よりも三人というようにできるだけ有利な態勢を取る訓練を重視して行います。「1対1」はどうしようもない時の緊急避難のための技術を身に付けるものです。特殊なケースと言っていいでしょう。

チーム戦になると訓練の積み上げの差が出てきて、40連隊チームは「2対2」では80％の勝率になり、「5対5」では負けないような状態になりました。大人数で職務として日々やっているのですから、当然と言えば当然の結果でした。

対戦を通じ、勝敗よりもお互いにいいところを吸収しようという雰囲気になりました。ある隊員の言葉です。

「サバゲーチームとの対戦を経験することにより、いつもとは全然違うパターンへの適応力を養うことができてよかったです」

一方、サバゲーチーム側も、

「腕を磨く目標ができました。また、呼んでください」と言ってくれました。

強くなりたい。お互い目指す方向が同じ仲間だと確認できました。素晴らしい厚生活動となりました。

駐屯地体育館を使用したＣＱＢ普及訓練。

各種訓練コースを作成する隊員。

速度と精度が要
求されるCQBト
レーニングコース。

長谷川朋之氏との後日対談

強い部隊を目指すための規律と目標設定

長谷川　訓練をしていると、当初は一定の時間で隊員の皆さんが疲れて何もできなくなるタイミングというのがやってきて。僕の記憶では午前中は何とか持つのですが、14～15時が過ぎたころに思考停止して、習ったことがすべてできなくなる時間というのがありました。あと喫煙者に対して厳しい言葉で申し訳ないのですが、喫煙者は一定時間を過ぎるとそれがやってきますね。これが僕にとってはすごく不可解な部分でした。あの疲れというのはどんな種類の疲れなんでしょう?

二見　15時からは通常、部隊では体育の時間になります。または、訓練準備とか明日のための準備をして、17時になったら集合して「今日も1日ご苦労さん」と中隊長に敬礼をするというのが通常のパターンだったんです。疲れというよりは、そうして何年もやってきたせいで、身体が終了になってしまうんですね。

長谷川　なるほど。

二見　しかし集中力がなければ射撃支援もできない。あそこを撃ってくれと言っても、集中力が切れて撃ち忘れたら、前に出た人間がやられてしまうわけですよね。これもCQBを通じて、集中力がない人間と一緒に戦うと自分たちがやられるというのがわかって、意識が変わっていったところがあります。

長谷川　日々のルーティンの中で マインドも枠にはまってしまうんですね。それを除去するといいますか、枠の外に出るにはどうすることが必要でしたか?

二見　非常にシンプルにやりました。判断基準は何かということです。「これができることは強いのか、弱いのか」。それだけを隊員に問いました。そうすると、集中力が切れるのが弱い、だから我慢強くなければいけないという判断を自分でするようになり、実行することによって身に付いていったんです。北九州の隊員は瞬間湯沸かし器のような高い瞬発力が特徴なんですが、それが粘り強く自分をコントロールできるようになったというのが、この訓練を通じて身に付いたことですね。「強くなれるかどうか」という判断基準を隊員と共有して、その判断基準に照らし合わせながら、何をすれば強くなれるか、つまりみんなで強さというものを追求したわけです。

もうひとつ、強さの追求をするには、規律というものがあります。私は隊員に「〝規律〟は弱い部隊にはいらない」と言いました。例えば廊下を走ってはいけないという決まりは、廊下を走る人間が多いから〝規則〟として走ってはいけませんとするもので、〝規律〟ではありません。〝規律〟は、高みを目指すチームメンバーが、これはやめよう、これは毎日しようと、自分たちを高めて目標を達成するためのものです。〝規律〟とは強い部隊が自分たちで厳しいものを決めて追求することで、強い部隊になっていくためのものであり、強い部隊になるために高い規律を持とうと、みんなで意識を共有しました。

長谷川　なるほど。僕らは、飽きるということがありませんでした。どんな訓練に連れて行ってもらっても面白くて、興味が尽きないので、いつもフレッシュな状態で受けていましたね。ルーティンが邪魔をする――それは個々の認識がなければ次には行けないですよね。

二見　その部分が非常に重要なんです。目標の設定というと、とても一般的な言葉になってしまうんですが、ちょっとずつ目標を上げてくんですね。目標を上げ過ぎという隊員や幹部も結構多かったんですが、少しずつ上げていくことによって高みを目指すメンバーが動き始めますから、それで上がっていくんです。

チャレンジすることによって気づきがあって、それが部隊に広がって、これはできないとダメだな、という意識になっていく。それを気づかせるためのアイデアとしては、例えば建物を掃討する時、通常の小さい部屋であったら、3名ぐらいで入っていけばだいたいクリアできます。ところがその3倍ぐらいの部屋で、2～3名ではクリアできなかった場合はどうするんだ、という風にすると、階段のところに連絡員、下の方には予備が必要になるわけです。予備を呼んで、そして大きい部屋の方に人数をプラスして、2つの扉から6名で突入をしていく。もしくは、連絡員の方が階の状況を見ているので、連絡員がその掃討チームの中に入るようにして、下から上がってきた者が連絡員になる方がいいのか。そういうところをどこまで考えられているかということです。連絡員が何人も欲しい、でも予備も入れなければいけないので、それでは予備を何名そちらに持っていた方がいいのかということも真剣に考え、行動できるようにしなければなりません。

長谷川　状況判断を繰り返し訓練してみると、やはりその重要性がわかります。ただ、この訓練ができるようになるまでは、時間がかかりますよね。

第6章

人生・訓練に対する考え方

休憩を入れる部隊は強いのか

ここからは、アトランダムにイチローさんと話していて気づかされた点について書いていきたいと思います。まずは、「休憩」について。自衛隊では「当たり前」と思っていた常識が覆されました。

ある時、イチローさんと話していて、こう言われました。

「自衛隊では50分やったら、10分間休憩を入れなければいけないんですね」

さも、不思議そうな顔をしてそう言うのです。聞けば、訓練担当の3科の者がそう言ったと言います。1時間に1回休憩を入れるのが自衛隊の訓練です、と。

「アメリカの部隊やＦＢＩではどうですか？」と聞くと、

「アメリカでは、休憩といって1時間に1回休むことはしません。何で1時間に1回も休まないといけないのですか？」

反対に質問されてしまいました。

「休憩を適度に入れることにより、訓練に集中できて効果が高まるからです」と答えると、

「休まないと集中できないのでは、戦闘に耐えられないですよ。入りたての新兵サンの訓練

ではいいと思いますが。こんなに休んで何になるのでしょうか？」

続けてイチローさんは、

「集中力や体力、気力も練成できないですよ。疲労しても正確な射撃ができ、戦闘を続けることのできる体力と精神力を身に付けなくてはならないのに、休憩をとる必要はありません。厳しい実戦で戦い抜く時、1時間戦ったからといって、敵も味方も皆で一斉に休んだりはしないでしょう？」

最後はこう言われました。

「非常に面白い訓練の仕方ですね…」

休憩をとらないで訓練を続ける、今までどうしてこのような思考をしなかったのでしょうか。頭をガーンと一発撃たれたような衝撃でした。と、同時に、強くなれる方法を見つけた喜びも感じました。そこで私はこうお願いしました。

「では、これからの訓練は、休憩なしで構いませんので普通にやってください」

今度はイチローさんが驚く番です。

「そんなこと指揮官から言われたのは、自衛隊の部隊で初めてです」

自分たちでは当たり前であったことが、世界ではそうではなかった。というより、私たちは世界の常識、冷徹なルールについて考えが及ばなかったのです。それはある意味、陸上自衛隊が、本当の意味で「敵を想定せずに済んでいた」ということなのかもしれません。

しかし、もう、そんな悠長なことは言っていられない時代になったのです。私たちは、変わらなければならないのです。

何をすれば強くなれるのか、どんな部隊が強いのか

それからというもの、40連隊の訓練は、朝から始まり昼食まで休憩時間がなくなりました。午後も同じです。トイレに行きたい者は勝手に行き、また何事もなかったように訓練に戻ります。

当初は確かに、休憩を入れないで訓練を続けると、慣れていないので体力的にも精神的にも苦しい状態になりました。

ある中隊長から、

「連隊長、隊員から休憩した方が集中できるので休憩を入れてほしいとの要望があります」

との報告を受けたので、

「休まなくても集中して訓練できる部隊と、休まないと集中できない部隊では、どちらが強

いのか？」と聞きました。

「それは休まなくてもいい部隊です」と答えたので、

「どうすれば強くなれるのか、リーダーはいつも考えなくてはならない。隊員をよく説得し、自らやる環境を作るようにしなければならない」と話しました。

判断の基準となる座標軸を、「何をすれば強くなれるのか。どんな部隊が強いのか」としました。迷ったり、精神的にきつくなったりしたら、この座標軸で判断するようにしました。連隊の朝礼では「何をすれば強くなれるのか。どんな部隊が強いのか」について話し、各中隊長、幹部、主要な陸曹が、この考えを共有するよう努めました。

3ヵ月もすると必要性が全員に理解され、休憩というもの自体がなくなりました。そうなってしまうと不思議なもので、それまで何で休憩なんかとっていたのだろう、という感じがしてきます。その結果、集中力が高まり、我慢強くなったことは言うまでもありませんが、怪我をする隊員が大幅に減ったことには驚かされました。

ほかの部隊から訓練に来た隊員が、「休憩はいつとるんですか？」と聞くので、「休憩はない」と答えると、ものすごく驚いた顔をしていたのを思い出します。

徒手格闘訓練でイチロー
さんの面取りが炸裂！

マインドセットをする隊員。

高い価値観

休憩のない訓練が当たり前になると、徐々に強い部隊特有の、後ろ姿からゆらゆらとオーラが出るようになりました。イチローさんが嬉しそうにこう言いました。

「戦闘や射撃のための技術も大事ですが、判断基準や座標軸がしっかりしていてブレないようになると、人生や戦う姿勢がきちんとなります。そうすると、高い価値観が養われ、高い吸収力と定着度が身に付き成長していきます。小倉軍はまだまだ強くなるでしょう」

ニコニコしながらそう話すので、隊員が喜ばないはずはありません。

「高い価値観」。この言葉がそのころ、よくイチローさんとの会話に出てきました。たぶん最初のころにも言われたのだと思いますが、心に引っかからなかったのでしょう。しかし、「強くなるために」と決めたとたん、キーワードであることが理解できました。訓練のための訓練では決してない、心の底から本当の戦場で戦うためのスキルを身に付けるということを考えたら、私たちは価値観まで変容していったのでした。

イチローさんは、訓練とともに、人生・仕事の姿勢を教えてくれます。ある時、ぽつりとこう話してくれました。

「連隊長の成長がそのまま部隊の成長につながり、強くなっていきます」
とんでもなく強烈で真実をついている言葉でした。

早く伸びるタイプと成長の遅いタイプ、どちらが強くなるのか

ガンハンドリングという、射撃の基礎中の基礎を連隊全体に行き渡らせるために、私は「普及するための要員」を養成することにしました。短期間に普及させるのには、「教官」となる隊員が必要でした。そして、イチローさんの教えを短時間に自分のものにしている隊員のほとんどが教官に選出されました。

彼らは、毎日イチローさんから学んだ内容をノートにまとめ、疲れていても自然にできるほど練習を積む努力をしています。モチベーションが高く前向きな隊員です。この教官要員が、各中隊の隊員へどんどん高いレベルの内容を伝えていきました。

3ヵ月後、再び来日したイチローさんは、ウォーミングアップ中の隊員たちが持っている銃の扱いを見た瞬間、

「この短期間に、これだけ多くの隊員に、正確にガンハンドリングが伝わった」と、目を丸くして驚き、とても喜んでくれました。

そして教官要員には、イチローさんから次に来日するまでに進めておくべきガンハンドリングの技術が伝授されました。そして、こう言ったのです。

「連隊長、これだけ早くものにしているメンバーは、技術も戦闘スピリットも申し分ありません。ガンハンドリングの技術を広げる段階は成功です。次は、より高いレベルへ、いかに隊員を成長させるかです」

ある時、2人っきりになった時、イチローさんがこう切り出してきました。

「これからは、我慢強く隊員を見守ってほしいんです」

どういう意味なのかわからなかったので聞いてみると、こう言いました。

「勘どころが良く基本性能の高いタイプが、今の段階では、早く成長して教官となって活躍していますよね。ある面、早く成長するタイプは、これから先、後半の伸びが悪いパターンも多いので、彼らの成長を持続させていく工夫が必要です」

そのことは、私も薄々、考えていました。器用な奴がその後の伸びを欠くというのは部隊ではよくあることです。しかも彼らに「教官」というポジションを与えてしまって、それが慢心につながったら、全体としては損失だろうと。大いに納得しました。イチローさんはなおも付け加えてこう言いました。

「二見連隊長の部隊は、現在、さらなる大躍進を支える隊員を育成できるかどうかの重要な時期に来ています。これから指揮官は我慢が必要となります。隊員をじっくり育てなければならないからです」

そう話す時の表情は真剣そのものでした。そして、器用ではないタイプ、はっきり言ってしまえば、不器用な隊員の育成についてこう言うのです。

「隊員の中には、情報やスキルの吸収度は高いけれど、それを自分に定着させるのが遅く、現時点でまったく芽が出ていない不器用なタイプがいます。それはどんな組織にでも当然います。ただ、半年を過ぎるとそういう隊員は急激に能力を発揮し始めます。そして、そういう隊員こそがさらにそこから急成長し、40連隊をけん引する中心人物になっていきます。ある時期急激に伸びる隊員たちの中には、将来の40連隊のカギを握るタイプがいる。私が今、二見連隊長に『我慢強く』と言ったのは、そういう意味です。長い目で人材を育ててください、お願いします」

そして、

「米にも早生（わせ）と晩生（おくて）があり、晩生の方が多収・良質です」と付け加えました。

イチローさんは、単に射撃やCQBのスキルを教えてくれたのではありませんでした。隊員一人一人に目を配り、この部隊の発展形についても考えてくれていたのです。そして事実、イチローさんの予言した通り、途中から急激に力を付けてきた隊員たちが、躍進する40連隊の起爆剤となり、急加速するエンジンとなりました。

各射距離に応じて配置された的への射撃は、戦闘射撃に関する知識と技術が必要。

9
6

中隊インストラクターによる中隊の隊員への普及訓練。

切り開いた道を拡大していくタイプ

彼らを見ていて感じたのですが、あとから急速に成長するタイプの隊員は、基本的に不器用であるため、戦闘技術を身に付けるまで何度も何度も、できるまで小さな努力をコツコツ積み上げて技術を向上させます。この努力の積み重ねによって、しっかりした基礎が構築されるのです。例えて言うなら、彼らはきちんと「土台作り」をするのでしょう。しっかりと地中奥まで杭を打ち込めるように土台を作るから、その土台の上には高い建物を建てることができます。後半急激に伸びるのは、この基礎に高層ビルが建設されていくからです。

一方、勘の良さによってすぐに成長した隊員の足元の「土台」は、実は急ごしらえで狭く地盤は弱い。思わぬところに、軟弱な部分や穴が開いていたりする。その違いは、あとになると決定的なものになってしまうのです。

また、練習を積み上げてきた人間は、多くの失敗と心の葛藤を経験しているので、うまくいかなかったり成長が止まって苦しんでいる仲間に対して、的確なアドバイスができます。そして、わかりやすい説明とともに、小さなコツを積み上げて完成させた高い戦闘技術を伝授することができます。

しかし私は、器用なタイプとあとから伸びるタイプ両方がいて、40連隊は力を発揮し続けることができたと考えています。器用で理解力の良いタイプが切り込んで開いた獣道を、あとから能力を発揮する隊員たちが土台を整備して、４車線の舗装道路にする、そんなイメージだと思います。

その当時の40連隊は、まさに誰も歩いていない未開の荒野を、自分たちで耕し、道を開き、そしてあとに続く者のために、舗装道路を作ろうとしていたのでした。

教育者の成長は被教育者の成長と比例する

もうひとつ、私が彼らを見ていて気づいたことは、後半伸びるタイプの存在が、器用で早く教官役になった隊員に与える影響についてです。器用でない隊員たちは日々、訓練を欠かさないので、先にうまくなった者にさらなる努力をするモチベーションと追いかけられる危機感を与え、全体が伸びていくのです。それが40連隊の場合は、戦闘技術の急激な底上げと、次期教官要員を多数輩出するサイクルを作ることにつながりました。

一度帰国して、半年後、再び小倉に来たイチローさんは、隊員たちをひと目見た瞬間に、このサイクルに気づいたようです。

「やはり後半伸びるタイプが多数出てきましたね。このような環境のあるところは必ず強くなりますよ！」

我がことのように嬉しそうでした。その笑顔を見て、私も晴れやかな気分になりました。

予定された訓練が終わって、イチローさんは最後にこう言いました。

「プロはいついかなる時でも、20回言われたら20回、同じことを100%できる基礎ができていなければなりません。さらに高度の応用編を追求する早道は、基礎を徹底的に各人が自らやるようにすることです。これが当たり前になると、ハードルは簡単にクリアできるようになりますよ！」

隊員たちは、自信のみなぎった表情で、強くうなずいていました。

我が連隊に戦闘技術の負けはない

さて、イチローさんと最後の昼食会をしている時、40連隊がこれから目指す目標の話になりました。「アメリカでは、目標をできるだけ遠くに置くやり方があります」とイチローさんが話し始めました。

「連隊長、自衛隊では、とくに現場の部隊では、目標を近くに設定しがちです。ただ、近くの目標を地道にクリアしていくやり方は自己満足は得やすいものの、しっかりした方向を維持することが難しいという欠点があります。目標を日々クリアしているうちに、いつの間にか違う方向へ少しずつズレてしまい、気がついたら、自分の考えていたことや行きたい方向から大きく外れてしまうものです」

私は覚えています。イチローさんはそこまで話して、手元のミネラルウォーターをぐいっと一口飲みました。

「真っ暗な空間にいても、遠くに見える光を目標に置いていれば、正しい方向へ進んでいくことができます。例えば途中、崖を迂回して方向が変わったとしても、遠くの光の方向へ進めば、正しい方向へ修正することができます。遠回りをして曲がってしまっても、必ず目標へ向かって進むことができます。真っ暗の中に輝く、遠くの光を目標にすることが大切なんです」

確かに、私たちは試行錯誤し、まさに真っ暗な闇の中を歩いているような日々でした。組織が何十年もかけて積み上げてきたことを一旦壊して、現実的な対応ができる、そして何より本当に強い部隊にしようとしていました。日々、新しいことにチャレンジしていて、それでいて遠くに輝く光を目標にするのは難しいことでした。光がどこにあるかもわからない状態でした。

しかし、この光を決めることが一番重要であり、それを40連隊の指揮官である連隊長が示さなければなりません。その目標とは何か。どこの光に向かってブレなく進めばいいのか。私はその日から考え始めました。

どのような部隊を作り、何をしたいのか、具体的に40連隊、隊員は何を目指していくべきなのか。イチローさんは帰国したので、「答え」を聞くことはできません。いや、イチローさんに聞くわけにはいきません。それは私たちの目標なのですから。

悶々とした日が何日も続きました。


ところが、ある週末、連隊長官舎に各中隊の先任陸士長が来て懇談をしていた時のことです。若い彼らと、戦闘訓練をいかに進めるか、あるいはガンハンドリングや射撃の話で盛り上がりました。ただ、何となく雰囲気がおかしいことに気づきました。彼らはどこか、よそよそしい。本当は話したいことがあるのに言い出せないでいる…そんな感じでした。

その理由は、懇談のあとの懇親会も終わりに近づいて、ようやくわかりました。

「連隊長、聞いてください」

リーダー格の一人が、焼酎の入っているコップを机に置き、思い余ったように言い始めたのです。

「どうしても、連隊長がおっしゃったことで、納得のいかないことがあるんです…」

自衛隊は階級社会です。私は訓練に関しては、すべての階級を取り払って、強い者、できる者が教官になれ、と命じていましたが、訓練以外の場面では、そこはやはり階級がものを言います。最下層の「士」の階級の者が、旧軍の「大佐」にあたる1佐の連隊長に直接意見具申して「発言に納得がいかない」というのは、私は平気だとしても、何年かは組織でメシを食んできた彼らにとっては、相当勇気のいることだったでしょう。それでも、彼らは腹を決めて、その夜、直言しに来ていたのでした。

彼らが問題にしたのは、私がその週の前半、連隊朝礼で述べた次のような話でした。

「現在、40連隊は、新しい戦法を開発している段階にあり、いろいろな戦闘要領を実験している最中である。この段階で、各種の戦闘訓練で負けるようなことがあっても、今回は、戦法開発中であるため構わない」

よくよく話を聞くと、彼らは、私が朝礼で話した「負けてもいい」という言葉にひどく反応したのでした。

自分たちは必死で訓練をしている。そして、それはどこにも負けないという自負がある。そのくらいの覚悟がないとできない苦しい訓練だった。それなのに、部隊のトップである連隊長が「負けてもいい」と言うのは何ごとなのか…。彼らは、そうして意を決して、連隊長官舎に押しかけたというのでした。

「本日、各中隊の陸士会で話し合い、皆で決めたことがあります。戦法の開発中は負けてもいいと連隊長は話されましたが、自分たち陸士は、どんな時でも負けたくありません。負けないようにしてください」

同じような話が、わいわいと彼らの口から飛び出てきます。そして、最後にくだんのリーダー格がひときわ大きな声でこう宣言しました。

「連隊長、40連隊に負けはありません。自分たちは負けたくありません。自分たち陸士はそのために全力で頑張ります。ですから、負けないように隊員を強くしてください。私たち陸士は、泣き言は言わないで頑張ると皆で決めました。ですから、連隊長、お願いします」

今にも泣き出しそうな顔でした。みんな、そうでした。彼らの言葉は、そのまま、私の心にストンと落ちました。

「40連隊に戦闘技術の負けはない」

これでした。これが、我々が目指すべき、眩しく輝く星でした。若い陸士たちが、その星を指し示したのでした。

『40連隊に戦闘技術の負けはない』

これが40連隊の目指す目標となりました。

第4師団長訓練視察及び師団長によるイチローさんの表彰式。

トモさんへ40連隊長感謝状を贈呈。

狭い廊下におけるエントリー訓練。銃の持ち方、カッティングとロックのかけ方を丁寧に指導。できるまで何度も修正点を示しながら反復。

WAC（陸上自衛隊女性隊員）によるCQB訓練指導の場面を撮影するイチローさん。

マウト前でイチローさんと隊員育成について話し合う著者。

二見

column-❺

印象に残る40連隊のメンバー

長谷川朋之氏との後日対談

二見　当時40連隊には、なかなか特色のある人間がいましたので、印象に残っている隊員も何名かいたと思うんです。トモさんの目から見たことを話して頂くと、これを読む隊員も励みになるんじゃないかなと思います。

長谷川　名前をあげればきりがありませんが、もっとも印象的だったのは、当初の電動モデルガンを使った射撃の訓練を始める際、この装備は部隊としては買ってあげられないという話が二見さんの方からあった時のことです。個人的に持っている隊員がいるはずだと思い聞いてみると、6〜7人出てきました。その6〜7人のメンバーが僕にとって一番印象深いです。好きでやっていたことを隠さなければいけない環境の中で、よく手を上げて出てきたなと思います。

それと、雪が舞う中でそのメンバーと訓練をしていた時、「あれを買えばオレたちも訓練させてもらえるんですか?」と言ってきたのがIさんでした。当時は跳ねっ返りかと思いましたが、食いつき方が普通じゃなかったんですね。食らいついてくるので、情報を与えればどうなるか非常に楽しみでした。そしてもともと銃が好きだった人の中にいたKさん、彼が雰囲気を良くしてくれていたと思います。当時、初めの一歩としてそれを始めたメンバーの好奇心と集中力がとても印象に残っています。

二見 今、Kさんの話が出たんですけれど、彼は今でもずっと40連隊のCQBを応援しているメンバーで、Iさんについても、現在40連隊にいて、部隊を支える役割を果たしています。Iさんの話をもう少しして頂けますか。

長谷川 彼は、すべてにおいて素直だったんですね。例えば、訓練していてある状況を作った中で「ここに民間人がいたらどうする?」とイチローさんが質問したことがありました。その質問に対して「自衛隊が出るとき民間人はいないっしょ」と言ったのがIさんでした。「いないってどうして言えるんだ?」とイチローさんが質問したら、「え、だっていないってことになっていますから」って言ったんです。これは我々がすごく問題意識を持った瞬間でした。そういう「いないということになっている」ということを誰が言えるのか、ということです。そういうことを率直にIさんから知ることができたんですね。Iさんがそれを素直に表に出すことによって、僕らも認識を改めました。

また、違う訓練を行っていた時のことですが、彼がまた民間人はいないという想定でいつでも撃てる状態で入って行くのを見て、「自分の家族がいたらどうするんだ?」って聞いた時、彼は悩んだんです。すごく困っていました。でも、「こんな無謀な奴と同じチームになりたい奴」って聞いたらパラパラいたんですね。

それを見た時に、ああ、この男は無謀さだけじゃない魅力が絶対あると思いました。彼は本当に馬鹿正直に自分をさらけ出していく中で、どんどん変わって30代を豊かに過ごしながら、仲間に恵まれ、良い形を残して小倉に戻っていると思います。彼が何だったのかというと、常に一番ハングリーでしたね。知らないということを知らないと言えて、じゃあどうすればいいかということを、いつも質問してきていました。この部分が一番必要不可欠ではないかと思います。僕も振り返ると、イチローさんやその時々に出会った方々には常に質問ばかりしていました。

二見　面白い訓練の環境の話が出たんですけど、ここには車があるけどないことにするとか、信号とか看板がないので射線が300メートル以上取れるとか、そんなことはよく訓練でやっていました。それは訓練の狙いを達成するためと言っていますが、どちらかというと自分たちが勝つためのルールを作って、やりやすい条件で勝った、満足する訓練ができた、任務達成できてよかったという形だけの訓練をやっていたわけです。ですから、訓練の途中で頓挫してしまうことは認められないというか、それはやってはいけない訓練でした。

第一線の分隊に位置し、隊員として戦闘訓練するIさんも、上司から、これはなかったことにするんだ、民間人はいないんだ、だからバンバン撃っていいんだ、と言われる環境で育ってきたわけです。それが突然、見たまま、現在の状態で訓練を行うと言われて、育った環境とまったく違う環境下での訓練になるので困ってしまったんですね。実は、ただ見たままありのままでやろうと言っているだけなのですが。

よく考えてみれば、民間人が混在していない確証はないので、それではどんな戦いをするべきなのかという話に発展しなければいけないということは、Iさんだけではなく、40連隊の訓練、また陸上自衛隊の訓練に対しても大きな影響を与えました。40連隊は最前線で戦う組織なんですが、これはなかったことにする、というのが勝つルールの設定でした。陸上自衛隊では、訓練目的を達成するという言葉をよく使うんですが、ルールを設定して戦闘を行い、任務達成した、という終わり方をします。しかし実は、うまくいかない訓練をたくさんやることによって、何ができなくて、どの部分をチャレンジしていかなければいけない、というのがわかってくるわけです。そして、それをみんなで話し合って修正していく中で、部隊が強くなっていくんですよね。

おわりに

イチローさんの乗った車が駐車場に到着したという電話が、トモさんから私のスマホにありました。マンションの入り口に向かうと、Tシャツと短パンというラフな出で立ちで、イチローさんが階段を上ってきました。

「お久しぶりです」

「やーやー、ご無沙汰です」

そんなことを言い合いながら、私たちはがっしりハグし合いました。

十数年以上の年月が経過したにも関わらず、お互いに強く抱き合った瞬間、つい先日会ったばかりのような感じになりました。さっきまで、この長い時間に起きたことのうち何から話そうかと思って悶々としていたのが嘘のように、次から次へと言いたいことが口をついて出てきます。もう会話が止まりません。

ハグをして感じたのは、イチローさんの背中の筋肉でした。70歳を超えているはずなのに、

30代か？　と錯覚してしまうほど、背中の筋肉がしっかりと付いていて、かつ柔らかさがあります。日々の鍛錬をしっかり続けて一流の身体を保持しているのがわかります。

成田に到着した時の電話では「足が細くなってしまいました」と言っていましたが、実際見せてもらうと、私と変わらない太さでした。鍛えていて、いつでも鋭く伸びのある前蹴りを自在に繰り出すことができそうです。

そして、胸板です。厚くて、熱くって、触れ合う者の心を何かグッとさせる、包容力と優しさが伝わってきました。

イチローさんは、十数年会わなくても、変わりなくイチローさんでした。

イチローさんの久しぶりの来日と、毎日新聞記者の瀧野隆浩氏の出版記念ということで、我が家で今回のパーティーが準備されました。瀧野氏は、イチローさんと私の関係性に触れた著書『自衛隊のリアル』（河出書房新社）の中で、「2人は陸上自衛隊に革命を起こした」というようなことを書いていました。参加者の人選は、40連隊時代からお世話になっている畠山富士男さんにお願いしていました。ただ、直前になっても、誰が来るか、はっきりとした連絡がありません。家内からは「何人来るかわからないと、準備が進められない」と小言も言われましたが、致し方ない。「今回は参加者を少なくして話をしっかりしよう」とイチローさんからメールが来たから、そんなに来ないよと伝えました。

ところが――。いざ、開始時刻になり、北九州から来た数名と久しぶりの対面をしていると、関東中から当時のやる気のある熱いメンバーたちが「こんにちは」と口々に言いながら、うまい酒を片手に次々我が家に集まってきました。すごい人数で、途中からエアコンをフル稼働させても効かなくなりました。

宴は、ワーワー騒いだり、バラバラに話すのではなく、皆がひとつの話題について話すという形で一体感のある盛り上がりが続いていきます。各人の十数年間の間に経験したことの話はとても密度があり、学ぶことがたくさんありました。ただ、家内からは「あなたの言った3倍以上の人が来たわね。情報部長経験者としていかがなものでしょう」と笑いながら言われてしまいました。

イチローさんは、自衛隊をはじめとする多くの組織に対して、実戦に必要な「銃口管理」と実戦での銃の取扱いの基本である「ガンハンドリング」を普及した恩人と言える人です。そして、実戦を知らない日本の組織において、「強くなりたい」と集まった者たちに、戦いで銃を安全に使用し、敵を倒す術を1から教えてくれました。

アメリカ本土で行われる米軍との共同訓練、そして、来るべきイラク派遣や国際貢献活動を目前に控えた隊員たちは、イチローさんの来日を強く要請しました。そんな隊員たちに、イチローさんは、必要とする訓練を年4回、まさに「手弁当」でやってきて、戦闘技術を惜しみなく伝えました。来日すると、隊員たちの熱烈な訓練要望に応えるため、日本全国の部隊を回り、その期間は2週間を超えました。

我が部隊も我が部隊もと次々要望が増えるため、部隊の指導者クラスの隊員が小倉に集まってもらう合同訓練方式にしたり、イチローさんから学んだ戦闘技術を小倉の隊員が他部隊へ普及をしたりしました。さらに、実戦で必要な知識と戦闘技術だけにとどまらず、心の作り方、人材の育成要領、物事の捉え方や考え方についても、若い隊員たちに伝授してきました。当時、若い隊員だったメンバーも十数年が経ち、順調に成長と昇級を重ねて、中堅や早い者は上級幹部になり始めています。准曹などの下士官のメンバーも、部隊の中核や最先任上級曹長として活躍する立場に成長しています。

正しく導かれた当時の若手が、権限と責任が大きな立場の上級幹部・最先任上級曹長になり、引き続き戦える部隊・隊員育成を目指すことのできる環境ができてきました。

新しい幕が上がります。

謝辞

ガンハンドリング・インストラクターのナガタ・イチロー氏、長谷川朋之氏、過分な刊行文を頂戴した毎日新聞社会部編集委員瀧野隆浩氏、ＯＴＳ畠山富士男氏、強さを追及し続けた当時のメンバーと小倉に集まった全国の熱い隊員・関係機関の方たち、そして家族に、この場をお借りして、深く感謝申し上げます。

二見龍

原著『40連隊に戦闘技術の負けはない』を読んで

先日、私も面識がある二見退役陸将補の著作、『40連隊に戦闘技術の負けはない』を読ませて頂きました。

退役された自衛隊の将官が本を書くというのは、米国ではよくあることです。日本でも何人かの方が書いていらっしゃいます。ですが、将官という階級は作戦レベルもしくは戦略レベルを担う階級であり、戦術レベルを語ることはありません。それは私のような下級将校の任務だからです。

ましてや二見さんは、末端戦術レベルである小隊/分隊戦術について真剣に書かれています。これだけで部下想いの幹部だった二見さんの人柄がとても伝わってきました。

自衛隊という組織は、第二次大戦後の特殊な事情により、特異な進化を遂げてきた組織であると思います。私の目にはそれがガラパゴス諸島で特異な進化を遂げた動物とダブって見えます。誰も何も提言しない状態がダラダラ続いたのでしょう。そういった殻をブチ破ったのが二見さんだったのではないでしょうか。

「負けてもいいから」と二見さんが言う箇所が、もっとも印象的に私の中に残りました。格闘技でも道場内だけで稽古していたのでは、絶対に強くはなれません。出稽古を数多くやって、負けてもいいから他流派主催の大会に参加し、経験を積まなければ強くはなれないものです。皆それがわかってはいるのですが、やはり負けるのが恐くて、恥をかくのが恐くてやれていないのが現状です。

いろいろと制約がある自衛隊という組織の中で、あえて行動を起こした二見さんの勇気に、敬意を表したいと思います。イチローさんを招聘したという事実も、非常に革命的です。通常、組織というものは異物が入るのを嫌うからです。統制がすべての軍隊では当然の行為です。

ですが、インストラクターを招くのは米軍ではよくある行為です。私が勤務していたノースカロライナ州フォート・ブラッグ陸軍基地には、特殊部隊と精鋭部隊のみの基地であるため、頻繁に外部からのインストラクターを見かけました。基地に隣接するファイエットビル市内のレストランで、日本でも有名なブラジリアン柔術家とバッタリ会ったこともありましたし、私の拳銃の師であるジェリー・バーンハート氏も軍に射撃講師として頻繁に招かれていました。

これは言っていいのかわかりませんが、二見さんは退官直前に私にこうおっしゃられました。

「飯柴さん、私は組織を去っていく人間です。だから私はもういいんです。ですが若い連中はこれからなんです。彼らの力になってあげてください――」

そこには、自衛隊という軍隊になれない組織で、我慢に我慢を重ねながら国防任務をこなしてきた辛さや無念さ、今後同じ想いをするであろう部下たちへの配慮…さまざまな想いが詰まったあまりにも重い言葉でした。この著作は、二見さんのそういった想いと、次世代への提言が記されています。

すべての自衛官、とくに幹部の方たちに読んで頂きたい著作です。

（2017年6月記）

元米国陸軍大尉　飯柴智亮

二見 龍
ふたみ りゅう。防衛大学校卒業。第8師団司令部3部長、第40普通科連隊長、中央即応集団司令部幕僚長、東部方面混成団長などを歴任し陸将補で退官。現在、株式会社カナデンに勤務。Kindleの電子書籍やブログ「戦闘組織に学ぶ人材育成」及びTwitterにおいて、戦闘における強さの追求、生き残り任務の達成方法等をライフワークとして執筆中。著書に『自衛隊最強の部隊へ－偵察・潜入・サバイバル編』（誠文堂新光社）がある。
ブログ：http//futamiryu.com/　Twitter：@futamihiro

デザイン　鈴木 徹（THROB）
写真提供　ナガタ・イチロー
校正　中野博子
協力　長谷川朋之

牧歌的訓練からの脱却。第40普通科連隊を変えたガン・インストラクター
自衛隊最強の部隊へ ―CQB・ガンハンドリング編

2019年3月15日　発　行　NDC 391

著　者　二見　龍
発行者　小川雄一
発行所　株式会社　誠文堂新光社
〒113-0033　東京都文京区本郷3-3-11
（編集）電話03-5805-7761
（販売）電話03-5800-5780
http://www.seibundo-shinkosha.net/
印刷所　株式会社 大熊整美堂
製本所　和光堂 株式会社

ISBN978-4-416-51951-6